"十二五"普通高等教育本科国家级规划教材

普通高等院校计算机类专业规划教材·精品系列

离散数学题解与分析

U0165127

（第三版）

刘任任◎主　编

刘玉珍　肖　芬　曹春红◎副主编

中国铁道出版社有限公司
CHINA RAILWAY PUBLISHING HOUSE CO., LTD.

内 容 简 介

本书以主教材《离散数学》(第三版,刘任任等主编,中国铁道出版社有限公司出版)为主要依据,对主教材中集合论与数理逻辑、图论与组合数学、代数结构与初等数论、线性规划与博弈论等方面的习题进行了较详细的分析与解答,帮助读者加深对主教材中基本概念、基本定理以及运算规律的理解。本书力求概念阐述严谨,证明推演详尽,较难理解的概念用实例说明。全书共分四篇:第 1 篇(第 1~6 章)是集合论与数理逻辑,第 2 篇(第 7~18 章)是图论与组合数学,第 3 篇(第 19~22 章)是代数结构与初等数论,第 4 篇(第 23~24 章)是线性规划与博弈论。

本书适合作为普通高等院校计算机类专业的教材,也可供从事离散结构领域研究工作的人员参考。

图书在版编目(CIP)数据

离散数学题解与分析/刘任任主编. —3 版. —北京:中国
铁道出版社有限公司,2024.2

"十二五"普通高等教育本科国家级规划教材 普通高等院校
计算机类专业规划教材. 精品系列

ISBN 978-7-113-30631-1

Ⅰ.①离… Ⅱ.①刘… Ⅲ.①离散数学-高等学校-教学
参考资料 Ⅳ.①O158

中国国家版本馆 CIP 数据核字(2023)第 199543 号

书　　名:离散数学题解与分析
作　　者:刘任任

策　　划:刘丽丽　　　　　　　　　编辑部电话:(010) 51873202
责任编辑:刘丽丽　徐盼欣
封面设计:穆　丽
封面制作:刘　颖
责任校对:刘　畅
责任印制:樊启鹏

出版发行:中国铁道出版社有限公司(100054,北京市西城区右安门西街 8 号)
网　　址:http://www.tdpress.com/51eds/
印　　刷:三河市燕山印刷有限公司
版　　次:2009 年 12 月第 1 版　2024 年 2 月第 3 版　2024 年 2 月第 1 次印刷
开　　本:787 mm×1 092 mm 1/16　印张:9.25　字数:225 千
书　　号:ISBN 978-7-113-30631-1
定　　价:28.00 元

前言（第三版）

党的二十大报告首次提出"加强教材建设与管理"。教材是学校教育教学中落实立德树人根本任务的关键要素和重要载体，它直接关系到党的教育方针的落实和教育目标的实现。教材编写工作是高等教育体系的战略性、基础性工作，高质量的教育教学离不开高质量的教材建设，配套教材是主教材的有益补充。

离散数学是计算机及其相关专业的重要学科基础课，学好离散数学对于计算机专业课程的学习有着事半功倍的作用。

离散数学课程通过讲授离散数学中的基本概念、基本定理和运算技巧及其在计算机科学中的应用，培养学生的逻辑思维能力、数学抽象能力、数学论证能力，以及用数学语言描述问题的能力。但许多概念、定理需要通过做习题来得到理解和掌握。本书以主教材《离散数学》（第三版，刘任任等主编，中国铁道出版社有限公司出版）为主要依据，对主教材中集合论与数理逻辑、图论与组合数学、代数结构与初等数论、线性规划与博弈论等方面的习题进行了较详细的分析与解答，帮助读者加深对主教材中的基本概念、基本定理以及运算规律的理解。

本书在第一、二版使用过程中，读者提出了许多宝贵的意见和建议，在此表示感谢。为迎接新一轮人工智能浪潮和人工智能大模型普及和应用，本版在结构和内容上，结合主教材的最新内容，对第二版进行了修改和补充。全书共分四篇：第 1 篇（第 1～6 章）是集合论与数理逻辑，第 2 篇（第 7～18 章）是图论与组合数学，第 3 篇（第 19～22 章）是代数结构与初等数论，第 4 篇（第 23～24 章）是线性规划与博弈论。

学好离散数学，一方面要深刻理解并掌握其基本概念和相关结论，另一方面要多做练习以加深对离散数学内容的理解。这对于在计算机其他专业课程的学习中熟练运用离散数学的理论知识是至关重要的。

本书对主教材中每章的习题进行了较详细的解答，希望读者尽量在做完习题后参考，并举一反三，这样才能加深对主教材相应内容的理解和掌握。

本书由刘任任担任主编，由刘玉珍、肖芬、曹春红担任副主编，谢慧萍、王婷参与编写。邹娟等同事对本书的编写提出了许多宝贵的意见和建议，在此表示感谢。由于编者水平有限，书中的疏漏和不足之处在所难免，欢迎读者提出宝贵意见。

编　者

2023 年 11 月

目　录

▪ 第 4 篇　线性规划与博弈论

第 1 篇　集合论与数理逻辑

第 1 章　集　　合

1．用列举法表示下列集合.

(1)1～100 之间的自然数的集合；　　(2)小于 5 的正整数集合；

(3)偶自然数的集合；　　(4)奇整数的集合.

分析　本题主要考察集合的定义及怎样用列举法表示集合.

解　(1)$A = \{1,2,3,\cdots,100\}$；　　(2)$B = \{1,2,3,4\}$；

(3)$C = \{0,2,4,6,8,\cdots\}$；　　(4)$D = \{\cdots,-5,-3,-1,1,3,5,\cdots\}$.

2．用描述法表示下列集合.

(1)偶整数的集合；　　(2)素数的集合；

(3)自然数 a 的整数幂的集合.

分析　本题主要考察集合的定义及怎样用描述法表示集合.

解　(1)$E = \{x \mid x$ 是能被 2 整除的整数$\}$；

(2)$P = \{x \mid x$ 是大于 1 且只能被 1 和自身整除的整数$\}$；

(3)$A = \{a^n \mid a$ 是自然数，n 是整数$\}$.

3．设 $S = \{2,a,\{3\},4\}$，$R = \{\{a\},3,4,1\}$，判断下面的写法是否正确.

(1)$\{a\} \in S$；　　(2)$\{a\} \in R$；

(3)$\{a,4,\{3\}\} \subseteq S$；　　(4)$\{\{a\},1,3,4\} \subset R$；

(5)$R = S$；　　(6)$\{a\} \subseteq S$；

(7)$\{a\} \subseteq R$；　　(8)$\varnothing \subseteq R$；

(9)$\varnothing \subseteq \{\{a\}\} \subseteq R \subseteq E$；　　(10)$\{\varnothing\} \subseteq S$；

(11)$\varnothing \in R$；　　(12)$\varnothing \subseteq \{\{3\},4\}$.

分析　本题主要考察集合的基本运算.

解　(1)错；(2)对；(3)对；(4)错；(5)错；(6)对；(7)错；(8)对；(9)对；(10)错；(11)错；
(12)对.

4．设 A，B 和 C 为任意三个集合，判断以下说法是否正确. 若正确则证明之，否则举反例说明.

(1)若 $A \in B$ 且 $B \subseteq C$，则 $A \in C$；

(2)若 $A \in B$ 且 $B \subseteq C$，则 $A \subseteq C$；

(3)若 $A \subseteq B$ 且 $B \in C$，则 $A \in C$；

(4)若 $A \subseteq B$ 且 $B \in C$，则 $A \subseteq C$.

分析　本题主要考察集合的基本运算.

解　(1)正确. 因为 $B \subseteq C$，所以，对任何 $x \in B$ 均有 $x \in C$，因 $A \in B$，故 $A \in C$.

(2)错误. 例如,令 $A=\{1\},B=\{\{1\},2\},C=\{\{1\},2,3\}$.

(3)错误. 例如,令 $A=\{1\},B=\{1,2\},C=\{\{1,2\}\}$.

(4)错误. 例如,令 $A=B=\{1\},C=\{\{1\}\}$.

5. 设 $P=\{S\mid S$ 是集合且 $S\notin S\}$. P 是集合吗? 请证明你的结论.

分析 本题主要考察对集合定义的理解.

解 假设 P 是集合,于是:

(1)若 $P\in P$,则由定义有 $P\notin P$;

(2)若 $P\notin P$,则由定义有 $P\in P$.

总之,有 $P\in P$ 当且仅当 $P\notin P$,此为矛盾. 故 P 不是集合.

6. 设 $E=\{1,2,3,4,5\},A=\{1,3\},B=\{1,4,5\},C=\{4,3\}$. 试求下列集合.

(1) $A\cap\bar{B}$; 　　　　　　　　　　(2) $(A\cap B)\cup\bar{C}$;

(3) $\overline{(A\cap B)}$; 　　　　　　　　　(4) $\bar{A}\cup\bar{B}$;

(5) $(A-B)-C$; 　　　　　　　　　(6) $A-(B-C)$;

(7) $(A\oplus B)\oplus C$; 　　　　　　　(8) $(A\oplus B)\oplus(B\oplus C)$.

分析 本题主要考察子集、交集、并集、补集、差集、对称差运算的基本定义.

解 (1) $A\cap\bar{B}=\{3\}$; 　　(2) $(A\cap B)\cup\bar{C}=\{1,2,5\}$; 　　(3) $\overline{(A\cap B)}=\{2,3,4,5\}$;

(4) $\bar{A}\cup\bar{B}=\{2,3,4,5\}$; 　　(5) $(A-B)-C=\varnothing$; 　　(6) $A-(B-C)=\{3\}$;

(7) $(A\oplus B)\oplus C=\{5\}$; 　　(8) $(A\oplus B)\oplus(B\oplus C)=\{1,4\}$.

7. 设 A,B 和 C 为任意三个集合,判断以下说法是否正确. 若正确则证明之,否则举反例说明.

(1)若 $A\cup B=A\cup C$,则 $B=C$;

(2)若 $A\cap B=A\cap C$,则 $B=C$;

(3)若 $A\oplus B=A\oplus C$,则 $B=C$;

(4)若 $A\subseteq B\cup C$,则 $A\subseteq B$ 或 $A\subseteq C$;

(5)若 $B\cap C\subseteq A$,则 $B\subseteq A$ 或 $A\subseteq A$.

分析 本题主要考察包含、并、交、对称差运算的定义及其相互关系.

解 (1)错误. 例如,令 $A=\{1\},B=\{1,2\},C=\{2\}$.

(2)错误. 例如,令 $A=\{1\},B=\{2\},C=\{3\}$.

(3)对. 若 $B\neq C$,不妨设 $x\in B$,而 $x\notin C$. 于是:

(i)若 $x\in A$,则 $x\notin A\oplus B$,但 $x\in A\oplus C$;

(ii)若 $x\notin A$,则 $x\in A\oplus B$,但 $x\notin A\oplus C$.

此与 $A\oplus B=A\oplus C$ 矛盾. 故结论成立.

(4)错误. 例如,令 $A=\{1,2\},B=\{1\},C=\{2\}$.

(5)错误. 例如,令 $A=\{2\},B=\{1,2\},C=\{2,3\}$.

8. 设 A,B 和 C 是任意三个集合,试证明:

(1) $A=B$ 当且仅当 $A\oplus B=\varnothing$;

(2) $A\oplus B=B\oplus A$;

(3) $(A\oplus B)\oplus C=A\oplus(B\oplus C)$;

$(4) A \cap (B \oplus C) = (A \cap B) \oplus (A \cap C)$；

$(5) A \cup (B \oplus C) \neq (A \cup B) \oplus (A \cup C)$.

分析　本题主要考察对称差、差、运算的相互转换以及集合相等的定义.

证明　(1) 设 $A = B$，于是 $A \oplus B = (A \cup B) - (A \cap B) = A - A = \varnothing$. 反之，设 $A \oplus B = \varnothing$，若 $A \neq B$，则不妨设 $x \in A$ 而 $x \notin B$，于是 $x \in A \cup B$，而 $x \notin A \cap B$，从而 $A \oplus B \neq \varnothing$. 此为矛盾. 故 $A = B$.

$(2) A \oplus B = (A \cup B) - (A \cap B) = (B \cup A) - (B \cap A) = B \oplus A$.

(3) 左式 $= (A \oplus B) \oplus C$

$= ((A - B) \cup (B - A)) \oplus C$

$= ((A \cap \overline{B}) \cup (B \cap \overline{A})) \oplus C$

$= ((A \cap \overline{B}) \cup (B \cap \overline{A}) \cup C) - (((A \cap \overline{B}) \cup (B \cap \overline{A})) \cap C)$

$= ((A \cap \overline{B}) \cup (B \cap \overline{A}) \cup C) \cap (\overline{((A \cap \overline{B}) \cup (B \cap \overline{A})) \cap C})$

$= ((((A \cap \overline{B}) \cup \overline{A}) \cap ((A \cap \overline{B}) \cup B)) \cup C) \cap (\overline{A \cap \overline{B} \cap C}) \cup (\overline{A} \cap B \cap C)$

$= (((\overline{A} \cup \overline{B}) \cap (A \cup B)) \cup C) \cap ((\overline{A} \cup B \cup \overline{C}) \cap (A \cup \overline{B} \cup \overline{C}))$

$= (\overline{A} \cup \overline{B} \cup C) \cap (A \cup B \cup C) \cap (\overline{A} \cup B \cup \overline{C}) \cap (A \cup \overline{B} \cup \overline{C})$

右式 $= A \oplus (B \oplus C)$

$= A \oplus ((B \cap \overline{C}) \cup (\overline{B} \cap C))$

$= (A \cup (B \cap \overline{C}) \cup (\overline{B} \cap C)) - (A \cap ((B \cap \overline{C}) \cup (\overline{B} \cap C)))$

$= (((A \cup B) \cap (A \cup \overline{C})) \cup (\overline{B} \cap C)) \cap (\overline{A \cap ((B \cap \overline{C}) \cup (\overline{B} \cap C))})$

$= ((A \cup B) \cup (\overline{B} \cap C)) \cap ((A \cup \overline{C}) \cup (\overline{B} \cap C)) \cap (\overline{A} \cup ((\overline{B} \cup C) \cap (B \cup \overline{C})))$

$= (A \cup B \cup C) \cap (A \cup \overline{B} \cup \overline{C}) \cap (\overline{A} \cup \overline{B} \cup C) \cap (\overline{A} \cup B \cup \overline{C})$

$= (\overline{A} \cup \overline{B} \cup C) \cap (A \cup B \cup C) \cap (\overline{A} \cup B \cup \overline{C}) \cap (A \cup \overline{B} \cup \overline{C})$

$=$ 左式

$(4) A \cap (B \oplus C)$

$= A \cap ((B - C) \cup (C - B))$

$= A \cap ((B \cap \overline{C}) \cup (C \cap \overline{B}))$

$= (A \cap B \cap \overline{C}) \cup (A \cap \overline{B} \cap C)$

而

$(A \cap B) \oplus (A \cap C)$

$= ((A \cap B) - (A \cap C)) \cup ((A \cap C) - (A \cap B))$

$= ((A \cap B) \cap (\overline{A \cap C})) \cup ((A \cap C) \cap (\overline{A \cap B}))$

$= ((A \cap B) \cap (\overline{A} \cup \overline{C})) \cup ((A \cap C) \cap (\overline{A} \cup \overline{B}))$

$= (A \cap B \cap \overline{C}) \cup (A \cap \overline{B} \cap C)$

因此，$A \cap (B \oplus C) = (A \cap B) \oplus (A \cap C)$.

(5) 取 $A \neq \varnothing$，且 $A \supseteq B$，$A \supseteq C$，于是，$A \supseteq B \cup C \supseteq B \oplus C$，从而，$A \cup (B \oplus C) = A \neq \varnothing$.

但 $(A\cup B)\oplus(A\cup C)=A\oplus A=\varnothing$，因此，$A\cup(B\oplus C)\neq(A\cup B)\oplus(A\cup C)$.

9. 设 $A=\{1,2\}$，$B=\{2,3\}$，试确定下列集合.

(1) $A\times\{1\}\times B$；　　　　(2) $A^2\times B$；　　　　(3) $(B\times A)^2$.

分析　本题主要考察笛卡尔积的定义.

解　(1) $A\times\{1\}\times B=\{\langle1,1,2\rangle,\langle1,1,3\rangle,\langle2,1,2\rangle,\langle2,1,3\rangle\}$.

(2) $A^2\times B=(A\times A)\times B$

$=\{\langle\langle1,1\rangle,2\rangle,\langle\langle1,1\rangle,3\rangle,\langle\langle1,2\rangle,2\rangle,\langle\langle1,2\rangle3\rangle,\langle\langle2,1\rangle,2\rangle,\langle\langle2,1\rangle,3\rangle,\langle\langle2,2\rangle,2\rangle,\langle\langle2,2\rangle,3\rangle\}$

$=\{\langle1,1,2\rangle,\langle1,1,3\rangle,\langle1,2,2\rangle,\langle1,2,3\rangle,\langle2,1,2\rangle,\langle2,1,3\rangle,\langle2,2,2\rangle,\langle2,2,3\rangle\}$.

(3) $B\times A=\{\langle2,1\rangle,\langle2,2\rangle,\langle3,1\rangle,\langle3,2\rangle\}$

$(B\times A)^2=(B\times A)\times(B\times A)$

$=\{\langle\langle2,1\rangle,\langle2,1\rangle\rangle,\langle\langle2,1\rangle,\langle2,2\rangle\rangle,\langle\langle2,1\rangle,\langle3,1\rangle\rangle,\langle\langle2,1\rangle,\langle3,2\rangle\rangle,$

　　$\langle\langle2,2\rangle,\langle2,1\rangle\rangle,\langle\langle2,2\rangle,\langle2,2\rangle\rangle,\langle\langle2,2\rangle,\langle3,1\rangle\rangle,\langle\langle2,2\rangle,\langle3,2\rangle\rangle,$

　　$\langle\langle3,1\rangle,\langle2,1\rangle\rangle,\langle\langle3,1\rangle,\langle2,2\rangle\rangle,\langle\langle3,1\rangle,\langle3,1\rangle\rangle,\langle\langle3,1\rangle,\langle3,2\rangle\rangle,$

　　$\langle\langle3,2\rangle,\langle2,1\rangle\rangle,\langle\langle3,2\rangle,\langle2,2\rangle\rangle,\langle\langle3,2\rangle,\langle3,1\rangle\rangle,\langle\langle3,2\rangle,\langle3,2\rangle\rangle\}$.

10. 证明：若 $A\times A=B\times B$，则 $A=B$.

分析　本题主要是根据集合相等以及笛卡尔积之定义证明.

证明　因为 $x\in A$，当且仅当 $\langle x,x\rangle\in A\times A$，当且仅当 $\langle x,x\rangle\in B\times B$，当且仅当 $x\in B$，所以，当 $A\times B=B\times B$ 时，$A=B$.

11. 证明：若 $A\times B=A\times C$，且 $A\neq\varnothing$，则 $B=C$.

分析　本题主要是根据集合相等以及笛卡尔积之定义证明.

证明　任取 $y\in B$，因 $A\neq\varnothing$，所以存在 $x\in A$，使 $\langle x,y\rangle\in A\times B$，从而 $\langle x,y\rangle\in A\times C$. 因此 $y\in C$，即 $B\subseteq C$. 同理可证 $C\subseteq B$. 故 $B=C$.

12. 设 x,y 为任意元素，令 $\langle x,y\rangle=\{\{x\},\{x,y\}\}$. 试证明：$\langle x,y\rangle=\langle u,v\rangle$ 当且仅当 $x=u,y=v$.

分析　本题根据集合相等之定义及集合的互异性证明.

证明　设 $\langle x,y\rangle=\langle u,v\rangle$，即 $\{\{x\},\{x,y\}\}=\{\{u\},\{u,v\}\}$.

(i) 若 $\{x\}=\{u\}$，$\{x,y\}=\{u,v\}$，则有 $x=u,y=v$；

(ii) 若 $\{x\}=\{u,v\}$，$\{x,y\}=\{u\}$，则有 $x=y=u=v$.

反之，设 $x=u,y=v$，则由定义有 $\langle x,y\rangle=\langle u,v\rangle$.

13. 将三元有序组 $\langle x,y,z\rangle$ 定义为 $\{\{x\},\{x,y\},\{x,y,z\}\}$ 合适吗？为什么？

分析　本题根据有序组相等之定义及集合的互异性证明.

证明　不合适. 例如，由定义，$\langle1,2,1\rangle=\{\{1\},\{1,2\},\{1,2,1\}\}=\{\{1\},\{1,2\}\}$

而　　　　　　　　　　$\langle1,1,2\rangle=\{\{1\},\{1,1\},\{1,1,2\}\}=\{\{1\},\{1,2\}\}$

显然 $\langle1,2,1\rangle\neq\langle1,1,2\rangle$.

第 2 章 关 系

1. 确定下列二元关系.

(1) $A = \{1,2,3\}, B = \{1,3,5\}, R = \{\langle x,y \rangle \mid x,y \in A \cap B\} \subseteq A \times B$;

(2) $A = \{0,1,2,3,4,5,6,8\}, R = \{\langle x,y \rangle \mid x = 2^y\} \subseteq A \times A$.

分析 本题主要运用知识为集合的交、关系以及笛卡尔积的定义.

解 (1) $R = \{\langle 1,1 \rangle, \langle 1,3 \rangle, \langle 3,1 \rangle, \langle 3,3 \rangle\}$;

(2) $R = \{\langle 1,0 \rangle, \langle 2,1 \rangle, \langle 4,2 \rangle, \langle 8,3 \rangle\}$.

2. 分别给出满足下列要求的二元关系的例子.

(1) 既是自反的,又是反自反的;

(2) 既不是自反的,又不是反自反的;

(3) 既是对称的,又是反对称的;

(4) 既不是对称的,又不是反对称的.

分析 本题主要考察关系的五个性质(自反性、反自反性、对称性、反对称性、传递性).

解 设 R 是定义在集合 A 上的二元关系.

(1) 令 $A = \varnothing$,则 $R = \varnothing$,于是 R 既是自反又是反自反的;

(2) 令 $A = \{1,2\}, R = \{\langle 1,1 \rangle\}$,于是 R 既不是自反又不是反自反的;

(3) 令 $A = \{1,2\}, R = \{\langle 1,1 \rangle, \langle 2,2 \rangle\}$,于是 R 既是对称又是反对称的;

(4) 令 $A = \{1,2,3\}, R = \{\langle 1,2 \rangle, \langle 2,1 \rangle, \langle 1,3 \rangle\}$,于是 R 既不是对称又不是反对称的.

3. 设集合 A 有 n 个元素,试问:

(1) 共有多少种定义在 A 上的不同的二元关系?

(2) 共有多少种定义在 A 上的不同的自反关系?

(3) 共有多少种定义在 A 上的不同的反自反关系?

(4) 共有多少种定义在 A 上的不同的对称关系?

(5) 共有多少种定义在 A 上的不同的反对称关系?

分析 本题主要考察知识为二元关系的自反性、反自反性、对称性、反对称性所对应的关系矩阵之性质. 本题可以在做完第 4 题(根据满足某个性质的关系之关系矩阵)之后再来考虑.

解 设 $|A| = n$,于是:

(1) 共有 2^{n^2} 种定义在 A 上的不同的二元关系;

(2) 共有 2^{n^2-n} 种定义在 A 上的不同的自反关系;

(3) 共有 2^{n^2-n} 种定义在 A 上的不同的反自反关系;

(4) 共有 $2^n \cdot 2^{n(n-1)/2} = 2^{n(n+1)/2}$ 种定义在 A 上的不同的对称关系;

(5) 共有 $2^n \sum_{k=0}^{m} C_m^k 2^{m-k} = 2^n \cdot 3^m$ 种定义在 A 上的不同的反对称关系,其中, $m = \dfrac{n(n-1)}{2}$.

4.分别描述自反关系、反自反关系、对称关系和反对称关系的关系矩阵以及关系图的特征.

分析 本题主要是根据自反关系、反对称关系、对称关系和反对称关系之定义来确定关系矩阵以及关系图.

解 自反关系矩阵的主对角线上元素全为1；而关系图中每个结点上都有圈.

反自反关系矩阵的主对角线上元素全为0；而关系图中每个结点上均无圈.

对称关系矩阵为对称矩阵；而关系图中任何两个结点之间的有向弧是成对出现的,方向相反.

反对称关系矩阵 $M_R = (r_{ij})_{n \times n}$ 的元素满足：当 $i \neq j$ 时, $r_{ij} \times r_{ji} = 0$.

5.设 $A = \{1,2,3,4\}$, $R = \{\langle 1,1 \rangle, \langle 1,2 \rangle, \langle 2,4 \rangle\}$, $S = \{\langle 1,4 \rangle, \langle 2,3 \rangle, \langle 2,4 \rangle, \langle 3,2 \rangle\}$,试求 $R \cdot S, S \cdot R, R^2$ 及 S^2.

分析 本题主要考察关系的复合运算之定义.

解
$$R \cdot S = \{\langle 1,4 \rangle, \langle 1,3 \rangle\};$$
$$S \cdot R = \{\langle 3,4 \rangle\};$$
$$R^2 = \{\langle 1,1 \rangle, \langle 1,2 \rangle, \langle 1,4 \rangle\};$$
$$S^2 = \{\langle 2,2 \rangle, \langle 3,4 \rangle, \langle 3,3 \rangle\}.$$

6.试举出使
$$R \cdot (S \cap T) \subset (R \cdot S) \cap (R \cdot T)$$
$$(S \cap T) \cdot P \subset (S \cdot P) \cap (T \cdot P)$$
成立的二元关系 R, S, T, P 的实例.

分析 本题主要说明关系的复合与关系的交运算不满足分配律.

解 设 $R = \{\langle 3,1 \rangle, \langle 3,2 \rangle\}$, $T = \{\langle 1,3 \rangle, \langle 3,2 \rangle\}$, $S = \{\langle 1,2 \rangle, \langle 2,3 \rangle\}$, $P = \{\langle 2,1 \rangle, \langle 3,1 \rangle\}$.
于是,有 $S \cap T = \varnothing$, $R \cdot (S \cap T) = \varnothing$, $R \cdot S = \{\langle 3,2 \rangle, \langle 3,3 \rangle\}$, $R \cdot T = \{\langle 3,3 \rangle\}$,
因此, $(R \cdot S) \cap (R \cdot T) = \{\langle 3,3 \rangle\} \neq \varnothing$,从而 $R \cdot (S \cap T) \subset (R \cdot S) \cap (R \cdot T)$.
又 $(S \cap T) \cdot P = \varnothing$, $S \cdot P = \{\langle 1,1 \rangle\}$, $T \cdot P = \{\langle 3,1 \rangle, \langle 1,1 \rangle\}$,
因此, $(S \cdot P) \cap (T \cdot P) = \{\langle 1,1 \rangle\} \neq \varnothing$,从而 $(S \cap T) \cdot P \subset (S \cdot P) \cap (T \cdot P)$.

7.设 R 和 S 是非空集合 A 上的二元关系,判断下面的说法是否正确,并说出理由.

(1)若 R 和 S 是自反的,则 $R \cdot S$ 也是自反的；

(2)若 R 和 S 是反自反的,则 $R \cdot S$ 也是反自反的；

(3)若 R 和 S 是对称的,则 $R \cdot S$ 也是对称的；

(4)若 R 和 S 是反对称的,则 $R \cdot S$ 也是反对称的；

(5)若 R 和 S 是传递的,则 $R \cdot S$ 也是传递的.

分析 本题主要是考察两个满足同一种性质的关系之复合运算是否保该性质,正确的可以根据定义给出证明,不正确请给出反例.一般如果正确相对容易证明,不正确给出反例相对较难.

解 (1)正确.因为对任意 $x \in A$,有 xRx, xSx,所以 $x(R \cdot S)x$. 故 $R \cdot S$ 是自反的.

(2)错误.例如,设 $x, y \in A, x \neq y$,且 xRy, ySx,于是 $x(R \cdot S)x$. 故 $R \cdot S$ 不是自反的.

(3)错误.例如,设对称关系 $R = \{\langle x,z \rangle, \langle z,x \rangle\}$, $S = \{\langle z,y \rangle, \langle y,z \rangle\}$. 于是 $\langle x,y \rangle \in R \cdot S$,但 $\langle y,x \rangle \notin R \cdot S$. 故 $R \cdot S$ 不是对称的.

(4)错误.例如,设反对称关系 $R = \{\langle x,z \rangle, \langle y,w \rangle\}$, $S = \{\langle z,y \rangle, \langle w,x \rangle\}, x \neq y$. 于是, $\langle x,y \rangle$,

$\langle y,x\rangle\in R\cdot S$. 故 $R\cdot S$ 不是反对称的.

（5）错误. 例如，设传递关系 $R=\{\langle x,w\rangle,\langle y,v\rangle\}$，$S=\{\langle w,y\rangle,\langle v,z\rangle\}$，$w\neq v$. 于是，$x(R\cdot S)y$，$y(R\cdot S)z$，但因为 $w\neq v$，所以，$\langle x,z\rangle\notin R\cdot S$.

8. 设 R_1 和 R_2 是集合 A 上的二元关系，试证明：

（1）$r(R_1\cup R_2)=r(R_1)\cup r(R_2)$；

（2）$s(R_1\cup R_2)=s(R_1)\cup s(R_2)$；

（3）$t(R_1\cup R_2)\supseteq t(R_1)\cup t(R_2)$.

并举出使 $|A|>1$ 时使 $t(R_1\cup R_2)\supset t(R_1)\cup t(R_2)$ 的实例.

分析　（1）本小题根据自反闭包的定义，它一个关系 R 的自反闭包应该包含 R^0，然后根据 $(R_1\cup R_2)^0=R_1^0\cup R_2^0$ 即可证得. （2）本小题根据对称闭包的定义，它一个关系 R 的对称闭包应该包含 R^{-1}，然后根据 $(R_1\cup R_2)^{-1}=R_1^{-1}\cup R_2^{-1}$ 即可证得. （3）由于传递闭包的特殊性，它不满足类似于（1）（2）的情形，所以要进行相对麻烦的证明，主要运用集合的包含关系的证明方法.

解　（1）$r(R_1\cup R_2)=(R_1\cup R_2)\cup(R_1\cup R_2)^0$
$$=(R_1\cup R_2)\cup(R_1^0\cup R_2^0)$$
$$=(R_1\cup R_1^0)\cup(R_2\cup R_2^0)$$
$$=r(R_1)\cup r(R_2)$$

（2）$s(R_1\cup R_2)=(R_1\cup R_2)\cup(R_1\cup R_2)^{-1}$
$$=(R_1\cup R_2)\cup(R_1^{-1}\cup R_2^{-1})$$
$$=(R_1\cup R_1^{-1})\cup(R_2\cup R_2^{-1})$$
$$=s(R_1)\cup s(R_2)$$

（3）由定义
$$t(R_1)=R_1\cup R_1^2\cup\cdots,t(R_2)=R_2\cup R_2^2\cup\cdots,t(R_1\cup R_2)=(R_1\cup R_2)\cup(R_1\cup R_2)^2\cup\cdots$$
于是
$$t(R_1)\cup t(R_2)=R_1\cup R_1^2\cup\cdots\cup R_2\cup R_2^2\cup\cdots=(R_1\cup R_2)\cup(R_1\cup R_2)^2\cup\cdots$$
下证对任意 $n\geq 1$，有 $R_1^n\cup R_2^n\subseteq(R_1\cup R_2)^n$.

任取 $\langle x,y\rangle\in R_1^n\cup R_2^n$，不妨设 $\langle x,y\rangle\in R_1^n$. 于是，存在 $z_1,z_2,\cdots,z_n\in A$，使得 $\langle x,z_1\rangle\in R_1\subseteq R_1\cup R_2$，
$$\langle z_1,z_2\rangle\in R_1\subseteq R_1\cup R_2,\cdots$$
$$\langle z_{n-1},z_n\rangle\in R_1\subseteq R_1\cup R_2,\langle z_n,y\rangle\in R_1\subseteq R_1\cup R_2$$
从而，$\langle x,y\rangle\in(R_1\cup R_2)^n$. 举例说明"$\subset$"成立. 设
$$A=\{1,2,3\},R_1=\{\langle 1,2\rangle\},R_2=\{\langle 2,3\rangle\},$$
于是
$$t(R_1\cup R_2)=\{\langle 1,2\rangle,\langle 1,3\rangle,\langle 2,3\rangle\}\supset t(R_1)\cup t(R_2)=\{\langle 1,2\rangle,\langle 1,3\rangle\}$$

9. 设 R_1 和 R_2 是集合 A 上的二元关系，试证明：

（1）$r(R_1\cap R_2)=r(R_1)\cap r(R_2)$；

（2）$s(R_1\cap R_2)\subseteq s(R_1)\cap s(R_2)$；

（3）$t(R_1\cap R_2)\subseteq t(R_1)\cap t(R_2)$.

并请给出 $|A|>1$ 时使 $s(R_1\cap R_2)\subset s(R_1)\cap s(R_2)$ 和 $t(R_1\cap R_2)\subset t(R_1)\cap t(R_2)$ 的实例.

分析 （1）本小题主要是根据自反关系的定义得到一个特殊的等式 $R_1^0 = R_2^0 = (R_1 \cap R_2)^0$ 进行变换，只要想到这个等式，下面的工作就比较容易做.（2）本小题主要是根据对称关系的定义及主教材定理 2.2.6 得到如下公式：

$$s(R_1 \cap R_2) = (R_1 \cap R_2) \cup (R_1 \cap R_2)^{-1}$$

$$s(R_1) = R_1 \cup R_1^{-1}, \quad s(R_2) = R_2 \cap R_2^{-1}$$

$$s(R_1) \cap s(R_2) = (R_1 \cup R_1^{-1}) \cap (R_2 \cup R_2^{-1})$$

由上述公式以及集合之间包含关系的证明方法就可得到结论.（3）本小题根据传递闭包的定义及主教材定理 2.2.6 得

$$t(R_1) = R_1 \cup R_1^2 \cup \cdots$$

$$t(R_2) = R_2 \cup R_2^2 \cup \cdots$$

$$t(R_1 \cap R_2) = (R_1 \cap R_2) \cup (R_1 \cap R_2)^2 \cup \cdots$$

由上述等式以及集合之间包含关系证明方法可得结论.

证明 设 R_1 和 R_2 是集合 A 上的二元关系. 注意到 $R_1^0 = R_2^0 = (R_1 \cap R_2)^0$，于是：

（1）$r(R_1 \cap R_2) = (R_1 \cap R_2) \cup (R_1 \cap R_2)^0$

$\qquad\qquad\quad = (R_1 \cap R_2) \cup R_1^0$

$\qquad\qquad\quad = (R_1 \cup R_1^0) \cap (R_2 \cup R_1^0)$

$\qquad\qquad\quad = (R_1 \cup R_1^0) \cap (R_2 \cup R_2^0)$

$\qquad\qquad\quad = t(R_1) \cap t(R_2)$

（2）$s(R_1 \cap R_2) = (R_1 \cap R_2) \cup (R_1 \cap R_2)^{-1}, s(R_1) = R_1 \cup R_1^{-1}, s(R_2) = R_2 \cup R_2^{-1}, s(R_1) \cap s(R_2) = (R_1 \cup R_1^{-1}) \cap (R_2 \cup R_2^{-1})$. 任取

$$\langle x,y \rangle \in s(R_1 \cap R_2) = (R_1 \cap R_2) \cup (R_1 \cap R_2)^{-1}$$

（i）若 $\langle x,y \rangle \in (R_1 \cap R_2)$，则 $\langle x,y \rangle \in R_1 \subseteq R_1 \cup R_1^{-1}$，且 $\langle x,y \rangle \in R_2 \subseteq R_2 \cup R_2^{-1}$，从而

$$\langle x,y \rangle \in (R_1 \cup R_1^{-1}) \cap (R_2 \cup R_2^{-1}) = s(R_1) \cap s(R_2)$$

（ii）若 $\langle x,y \rangle \in (R_1 \cap R_2)^{-1}$，则 $\langle y,x \rangle \in (R_1 \cap R_2)$，即 $\langle y,x \rangle \in R_1$，且 $\langle y,x \rangle \in R_2$，从而，$\langle x,y \rangle \in R_1^{-1} \subseteq R_1 \cup R_1^{-1}$，且 $\langle x,y \rangle \in R_2^{-1} \subseteq R_2 \cup R_2^{-1}$，于是

$$\langle x,y \rangle \in (R_1 \cup R_1^{-1}) \cap (R_2 \cup R_2^{-1}) = s(R_1) \cap s(R_2)$$

故 $s(R_1 \cap R_2) \subseteq s(R_1) \cap s(R_2)$. 举例说明"$\subset$"成立.

设 $A = \{1,2\}, R_1 = \{\langle 1,2 \rangle\}, R_2 = \{\langle 2,1 \rangle\}$，于是

$$s(R_1 \cap R_2) = (R_1 \cap R_2) \cup (R_1 \cap R_2)^{-1} = \varnothing \cup \varnothing^{-1} = \varnothing$$

而

$$s(R_1) = R_1 \cup R_1^{-1} = \{\langle 1,2 \rangle, \langle 2,1 \rangle\}, \quad s(R_2) = R_2 \cup R_2^{-1} = \{\langle 1,2 \rangle, \langle 2,1 \rangle\}$$

因此，$s(R_1) \cap s(R_2) = \{\langle 1,2 \rangle, \langle 2,1 \rangle\}$，故 $s(R_1 \cap R_2) \subset s(R_1) \cap s(R_2)$.

（3）因为

$$t(R_1) = R_1 \cup R_1^2 \cup \cdots, \quad t(R_2) = R_2 \cup R_2^2 \cup \cdots$$

$$t(R_1 \cap R_2) = (R_1 \cap R_2) \cup (R_1 \cap R_2)^2 \cup \cdots$$

于是 $\qquad t(R_1) \cap t(R_2) = (R_1 \cup R_1^2 \cup \cdots) \cap (R_2 \cup R_2^2 \cup \cdots) = \bigcup_{l,m \geqslant 1} (R_1^l \cap R_2^m)$

$$\forall \langle x,y\rangle \in t(R_1 \cap R_2) = (R_1 \cap R_2) \cup (R_1 \cap R_2)^2 \cup \cdots$$

则存在 i，有 $\langle x,y\rangle \in (R_1 \cap R_2)^i$，也就有 $z_1, z_2 \cdots, z_i$ 使得 $\langle x,z_1\rangle \in R_1 \cap R_2$，$\langle x,z_2\rangle \in R_1 \cap R_2$，$\cdots$，$\langle x, z_i\rangle \in R_1 \cap R_2$. 因为 $R_1 \cap R_2 \subseteq R_1$ 且 $R_1 \cap R_2 \subseteq R_2$，所以 $\langle x,z_1\rangle \in R_1$，$\langle x,z_2\rangle \in R_1$，$\cdots$，$\langle x,z_i\rangle \in R_1$，故有 $\langle x,y\rangle \in R_1^i$，同时也有 $\langle x,z_1\rangle \in R_2$，$\langle x,z_2\rangle \in R_2$，$\cdots$，$\langle x,z_i\rangle \in R_2$，所以也有 $\langle x,y\rangle \in R_2^i$ 就有 $\langle x,y\rangle \in R_1^i \cap R_2^i$，即 $(R_1 \cap R_2)^i \subseteq R_1^i \cap R_2^i$.

又因为 $R_1^i \cap R_2^i \subseteq \bigcup_{l,m \geqslant 1}(R_1^l \cap R_2^m)$，所以结论成立.

又设 $A = \{1,2,3\}$，$R_1 = \{\langle 1,2\rangle, \langle 2,3\rangle\}$，$R_2 = \{\langle 1,3\rangle\}$，于是 $R_1 \cap R_2 = \varnothing$，$t(R_1 \cap R_2) = \varnothing$，而

$$t(R_1) = \{\langle 1,2\rangle, \langle 2,3\rangle, \langle 1,3\rangle\}$$
$$t(R_2) = R_2 = \{\langle 1,3\rangle\}$$
$$t(R_1) \cap t(R_2) = \{\langle 1,3\rangle\}$$

故 $t(R_1 \cap R_2) \subset t(R_1) \cap t(R_2)$.

10. 有人说："如果集合 A 上的二元关系 R 是对称和传递的，则 R 必是自反的. 因此，等价关系定义中的自反性可以去掉."并给出如下证明，如果 $\langle x,y\rangle \in R$，由 R 的对称性有 $\langle y,x\rangle \in R$，再由 R 的传递性知，$\langle x,x\rangle \in R$ 且 $\langle y,y\rangle \in R$，即 R 是自反的. 你的看法如何？

分析　本题中说法主要是没有弄明白对称和传递都是满足一定前提条件的，而自反关系则是 A 中每个元素都必须满足这个条件.

解　说法不正确. 对任意 $x \in A$，对称性并不要求一定有 $\langle x,y\rangle \in R$，因此也就不一定有 $\langle y,x\rangle$. 于是 $\langle x,x\rangle \notin R$.

例如，设 $A = \{1,2,3\}$，$R = \{\langle 1,2\rangle, \langle 2,1\rangle, \langle 1,1\rangle\}$，则 R 是对称和传递的，但是 R 不是自反的，因为 R 中不包含 $\langle 2,2\rangle$，$\langle 3,3\rangle$，这是因为 R 如果是自反的必须包含 R^0.

11. 设 R 是集合 A 上的自反关系. 试证明 R 是等价关系当且仅当若 $\langle x,y\rangle, \langle x,z\rangle \in R$，则 $\langle y,z\rangle \in R$.

分析　本题主要是利用等价关系中自反性、对称性、传递性的定义来证明.

解　设 R 是等价关系. 若 $\langle x,y\rangle, \langle x,z\rangle \in R$，则由 R 的对称性知，$\langle y,x\rangle \in R$. 再由 R 的传递性有 $\langle y,z\rangle \in R$.

反之，假设只要 $\langle x,y\rangle, \langle x,z\rangle \in R$，就有 $\langle y,z\rangle \in R$.

(i)对称性. 设 $\langle x,y\rangle \in R$，由自反性有 $\langle x,x\rangle \in R$. 于是 $\langle y,x\rangle \in R$.

(ii)传递性. 设 $\langle x,y\rangle, \langle y,z\rangle \in R$. 由对称性有 $\langle y,x\rangle \in R$，再由假设有 $\langle x,z\rangle \in R$.

12. 设 R_1 和 R_2 都是集合 A 上的等价关系，试证明 $R_1 = R_2$ 当且仅当 $A/R_1 = A/R_2$.

分析　本题根据等价类的定义及性质可以得到.

证明　设 $R_1 = R_2$，则显然 $A/R_1 = A/R_2$.

反之，设 $A/R_1 = A/R_2$. 若 $R_1 \neq R_2$，则不妨设 $\langle x,y\rangle \in R_1$，但 $\langle x,y\rangle \notin R_2$，于是 $[x]_{R_1} = [y]_{R_1}$，$[x]_{R_2} \neq [y]_{R_2}$.

由划分之定义得知 $A/R_1 \neq A/R_2$，矛盾. 故 $R_1 = R_2$.

13. 设 $R = \{\langle x,y\rangle \mid x \equiv y(\bmod 5)\}$ 是定义在整数集 $\mathbf{Z}$ 上的模 5 同余关系，求 $\mathbf{Z}/R$.

分析　本题根据是等价类的定义及性质可以得到.

解　设 $R = \{\langle y,x\rangle \mid x \equiv y(\bmod 5)\}$. 于是

$$[0]_R = \{\cdots, -15, -10, -5, 0, 5, 10, 15, \cdots\}$$

$$[1]_R = \{\cdots, -14, -9, -4, 1, 6, 11, 16, \cdots\}$$
$$[2]_R = \{\cdots, -13, -8, -3, 2, 7, 12, 17, \cdots\}$$
$$[3]_R = \{\cdots, -12, -7, -2, 3, 8, 13, 18, \cdots\}$$
$$[4]_R = \{\cdots, -11, -6, -1, 4, 9, 14, 19, \cdots\}$$
$$A/R = \{[0]_R, [1]_R, [2]_R, [3]_R, [4]_R\}$$

14. 设 $A = \{A_1, A_2, \cdots, A_r\}$ 和 $B = \{B_1, B_2, \cdots, R_s\}$ 是集合 X 的两个划分，令
$$S = \{A_i \cap B_j \mid A_i \cap B_j \neq \varnothing, 1 \leqslant i \leqslant r, 1 \leqslant j \leqslant s\}$$

试证明 S 也是 X 的一个划分.

分析 本题根据划分的定义以及集合的性质可以得到.

证明 $S = \{A_i \cap B_j \mid A_i \cap B_j \neq \varnothing, 1 \leqslant i \leqslant r, 1 \leqslant j \leqslant s\}$.

(i) 由 S 定义知，$A_i \cap B_i \neq \varnothing$；

(ii) 任取 $A_i \cap B_j \in S$ 和 $A_l \cap B_m \in S, 1 \leqslant i, j \leqslant r, 1 \leqslant j, m \leqslant s$，有
$$(A_i \cap B_j) \cap (A_l \cap B_m) = (A_i \cap A_l) \cap (B_j \cap B_m) = \varnothing \cap \varnothing = \varnothing$$

(iii) $X = X \cap X = (A_1 \cup \cdots \cup A_r) \cap (B_1 \cup \ldots \cup B_s)$
$$= \bigcup_{\substack{1 \leqslant i, j \leqslant r \\ 1 \leqslant j \leqslant s}} (A_i \cap B_j) = \bigcup_{\substack{1 \leqslant i \leqslant r \\ 1 \leqslant j \leqslant s \\ A_i \cap B_j \neq \varnothing}} (A_i \cap B_j) = S$$

故 S 是 X 的一个划分.

15. 定义在四个元素的集合 A 之上的等价关系共有多少个？若 $|A| = n$ 呢？

分析 本题是根据等价关系与划分的一一对应关系，利用划分来处理，由特殊推到一般.

解 设 $A = \{1, 2, 3, 4\}$，则 A 上的等价关系数目即 A 上的划分的数目共有 15 个.

(i) 最大划分为 $\{\{1\}, \{2\}, \{3\}, \{4\}\}$.

(ii) 最小划分为 $\{\{1, 2, 3, 4\}\}$.

(iii) 将 A 分成两个集合 $S = \{A_1, A_2\}$，共有两种可能：

$|A_1| = |A_2|$，共有 $\dfrac{1}{2}C_4^2 = 3$ 种，即
$$\{\{1, 2\}, \{3, 4\}\}, \{\{1, 3\}, \{2, 4\}\}, \{\{1, 4\}, \{2, 3\}\}$$

$|A_1| = 1$，$|A_2| = 3$，共有 $C_4^3 = 4$ 种，即
$$\{\{1\}, \{2, 3, 4\}\}, \{\{2\}, \{1, 3, 4\}\}, \{\{3\}, \{1, 2, 4\}\}, \{\{4\}, \{1, 2, 3\}\}$$

(iv) 将 A 分成三个集合，则恰有一个集合为 2 个元素，故共有 $C_4^2 = 6$ 种分法，即
$$\{\{1, 2\}, \{3\}, \{4\}\}, \{\{1, 3\}, \{2\}, \{4\}\}, \{\{1, 4\}, \{2\}, \{3\}\}$$
$$\{\{2, 3\}, \{1\}, \{4\}\}, \{\{2, 4\}, \{1\}, \{3\}\}, \{\{3, 4\}, \{1\}, \{2\}\}$$

设 E_k 表示 k 元集合 A 上的全部等价关系数目，则
$$\begin{cases} E_n = \displaystyle\sum_{k=0}^{n-1} \left(E_k \cdot C_{n-1}^{n-1-k} \right) \\ E_0 = 1 \end{cases}$$

本公式还有下面一个推导方法：

设 $f(n, k)$ 表示将 n 个元素分成 k 块的划分数. 则 $f(n, 1) = f(n, n) = 1$. 设 $n > 1$，且 $1 < k < n$.

设 b 是 A 的某个元素，若 $\{b\}$ 组成一个块，则有 $f(n-1, k-1)$ 种方法能将 $A \backslash \{b\}$ 分成 $k-1$ 块. 另外，$A \backslash \{b\}$ 分成块的每个划分允许 b 被接纳到一块中，有 k 种方法，因此有 $f(n, k) = f(n-1, k-$

1）$+kf(n-1,k)$.

16. 设 $A_1=\{3,5,15\}$，$A_2=\{1,2,3,6,12\}$，$A_3=\{3,9,27,54\}$，偏序关系 $\leqslant$ 为整除. 试分别画出 $\langle A_1,\leqslant\rangle$，$\langle A_2,\leqslant\rangle$，以及 $\langle A_3,\leqslant\rangle$ 的 Hasse 图.

解

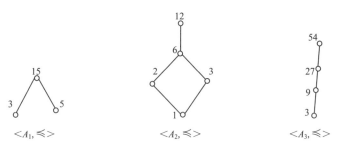

$<A_1,\leqslant>$　　　　$<A_2,\leqslant>$　　　　$<A_3,\leqslant>$

17. 设 $A=\{x_1,x_2,x_3,x_4,x_5\}$，$\langle A,\leqslant\rangle$ 的 Hasse 图如主教材图 2.3 所示.

（1）求 A 的最大（小）元，极大（小）元；

（2）分别求 $\{x_2,x_3,x_4\}$，$\{x_3,x_4,x_5\}$ 和 $\{x_1,x_2,x_3\}$ 的上（下）界和上（下）确界.

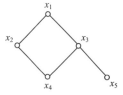

主教材图 2.3

分析　本题主要是根据极大（小）元、最大（小）元、上（下）界、上（下）确界的定义进行求解.

解　（1）最大元 x_1，无最小元；极大元 x_1，极小元 x_4,x_5.

（2）

	上界	下界	上确界	下确界
$\{x_2,x_3,x_4\}$	x_1	x_4	x_1	x_4
$\{x_3,x_4,x_5\}$	x_1,x_3	无	x_3	无
$\{x_1,x_2,x_3\}$	x_1	x_4	x_1	x_4

18. 分别举出满足下列条件的偏序集 $\langle A,\leqslant\rangle$ 的实例.

（1）$\langle A,\leqslant\rangle$ 为全序集，但 A 的某些非空子集无最小元；

（2）$\langle A,\leqslant\rangle$ 不是全序集，A 的某些非空子集无最大元；

（3）A 的某些非空子集有下确界，但该子集无最小元；

（4）A 的某些非空子集有上界，但该子集无上确界.

分析　本题主要是根据全序集的定义以及最大（小）元的定义进行举例.

解　（1）$\langle \mathbf{Z},\leqslant\rangle$ 为全序集，$\mathbf{Z}$ 整数集，但 $\langle \mathbf{Z}^-,\leqslant\rangle$ 无最小元，其中 $\mathbf{Z}^-=\{m\in\mathbf{Z}\mid m<0\}$；

（2）第 16 题中的 $\langle A_1,\leqslant\rangle$，子集 $\{3,5\}$ 无最大元；

（3）第 16 题中的 $\langle A_2,\leqslant\rangle$，子集 $\{2,3,6\}$ 有下确界但无最小界；

（4）子集 $\{a,b,e\}$ 有上界 d,e，但无上确界.

19. 试证明：每一个有限的全序集必是良序集.

分析　本题主要是说明全序集、良序集的关系，根据它们的定义很容易得到.

证明　设 $\langle A,\leqslant\rangle$ 为全序集，且 $|A|=n$.

任取 $\varnothing\subset B\subseteq A$，因 B 中的任意两个元素 x,y 均有 $x\leqslant y$ 或者 $y\leqslant x$. 因此，B 中必有最小元 a. 故 $\langle A,\leqslant\rangle$ 为良序集.

20. 设 $\langle A,\leqslant\rangle$ 为偏序集. 试证明 A 的每个非空有限子集至少有一个极小元和极大元.

分析　本题根据题设的子集的有限性以及极大元、极小元的定义很容易求得.

证明　设 B 是 A 的非空有限集. 若 B 中部存在极大（小）元,则对任何 $x \in B$,存在 $y \in B$,使得 $x \leqslant y(y \leqslant x)$,如此下去,得出 B 为无限集. 矛盾. 故结论成立.

21. 设 $\langle A, \leqslant \rangle$ 为全序集. 试证明 A 的每个非空有限子集必存在最大元、最小元.

分析　本题是对第 20 题的补充,针对全序集有更特殊的性质.

证明　设 B 是 A 上的一个非空有限集,由题知 B 中至少有一个极大（小）元.

又 $\langle A, \leqslant \rangle$ 为全序,故极大（小）元均唯一,且就是最大（小）元.

第 3 章 映 射

1. 判断下列映射哪些是单射、满射或双射.

$(1)\sigma:\mathbf{Z}\rightarrow\mathbf{Z},\sigma(m)=\begin{cases}1, & m\text{ 是奇数} \\ 0, & m\text{ 是偶数}\end{cases}$;

$(2)\sigma:\mathbf{N}\rightarrow\{0,1\},\sigma(m)=\begin{cases}0, & m\text{ 是奇数} \\ 1, & m\text{ 是偶数}\end{cases}$;

$(3)\sigma:\mathbf{R}\rightarrow\mathbf{R},\sigma(r)=2r-5.$

分析 本题主要是考察单射、满射、双射的定义.

解 $(1)\sigma$ 既不是单射也不是满射.

(2) 是满射但不是单射.

(3) 双射.

2. 设 A 和 B 是有限集,试问有多少 A 到 B 的不同的单射和双射.

分析 本题主要根据单射、双射的定义及性质来求解.

解 设 $|A|=m,|B|=n.$

若 $\sigma:A\rightarrow B$ 是单射,则必有 $|A|\leqslant|B|$,即 $m\leqslant n.$

当 $m=n$ 时,共有 $m!$ 个单射;

当 $m<n$ 时,共有 $m!\cdot C_n^m$ 个单射.

若 $\sigma:A\rightarrow B$ 是双射时,则必有 $|A|=|B|$,即 $m=n.$ 于是,共有 $n!$ 个双射.

3. 设 $\sigma:A\rightarrow B$,且 $\tau:B\rightarrow\rho(A)$ 定义如下:对于 $b\in B,\tau(b)=\{x\in A\,|\,\sigma(x)=b\}$. 试证明,若 σ 是满射,则 τ 是单射. 其逆成立吗?

分析 本题主要是根据单射、满射的定义及性质来证明,利用反证法.

证明 设 $\sigma:A\rightarrow B$ 是满射. 任取 $b_1,b_2\in B,b_1\neq b_2$,则存在 $\varnothing\subseteq A_1,A_2\subseteq A$,使得 $\sigma(A_1)=\{b_1\}$, $\sigma(A_2)=\{b_2\}$. 于是,$\tau(b_1)=A_1,\tau(b_2)=A_2.$

若 $\tau(b_1)=\tau(b_2)$,即 $A_1=A_2$,则存在 $a\in A_1\cap A_2$,使得 $\sigma(a)=b_1,\sigma(a)=b_2$,从而 $b_1=b_2$. 矛盾. 故 $A_1\neq A_2$. 即 τ 是单射.

若 τ 是单射,则 σ 不一定是满射. 例如,令 $A=\{1,2\},B=\{x,y\},\sigma(1)=\sigma(2)=x,\tau(x)=\{1,2\},\tau(y)=\varnothing$. 于是,$\tau$ 是单射,但 σ 不是满射.

4. 设 σ 是 A 到 B 的映射,τ 是 B 到 C 的映射,试证明:

(1) 若 σ 和 τ 是满射,则 $\tau\cdot\sigma$ 是满射;

(2) 若 σ 和 τ 是单射,则 $\tau\cdot\sigma$ 是单射;

(3) 若 σ 和 τ 是双射,则 $\tau\cdot\sigma$ 是双射.

分析 本题主要是考察单射、满射、双射的复合运算保有原来的性质;其证明方法是根据单射、满射、双射的定义来证明.

证明　（1）设 τ 和 σ 是满射，则对任意的 $z \in C$，有 $y \in B$，使得 $\tau(y) = z$.

又有 $x \in A$，使得 $\sigma(x) = y$.

于是 $\tau \cdot \sigma(x) = \tau(\sigma(x)) = \tau(y) = z$.

故 $\tau \cdot \sigma$ 是满射.

（2）设 τ 和 σ 是单射，则对任意 $x_1, x_2 \in A$，$x_1 \neq x_2$，有 $\sigma(x_1) \neq \sigma(x_2)$.

设 $\sigma(x_1) = y_1 \in B$，$\sigma(x_2) = y_2 \in B$，于是 $y_1 \neq y_2$，从而 $\tau(y_1) \neq \tau(y_2)$.

设 $\tau(y_1) = z_1 \in C$，$\tau(y_2) = z_2 \in C$，于是

$$\tau\sigma(x_1) = \tau(\sigma(x_1)) = \tau(y_1) = z_1$$
$$\tau\sigma(x_2) = \tau(\sigma(x_2)) = \tau(y_2) = z_2$$

因此 $\tau\sigma(x_1) \neq \tau(\sigma(x_2))$. 故 $\tau \cdot \sigma$ 是单射.

（3）设 τ 和 σ 是双射，则由（1）和（2）知，$\tau \cdot \sigma$ 是双射.

5. 设 σ 是 A 到 B 的映射，τ 是 B 到 C 的映射，试证明：

（1）若 $\tau \cdot \sigma$ 是满射，则 τ 是满射；

（2）若 $\tau \cdot \sigma$ 是单射，则 σ 是单射；

（3）若 $\tau \cdot \sigma$ 是双射，则 σ 是单射而 τ 是满射.

分析　本题主要根据单射、满射、双射的定义及性质来直接证明.

证明　（1）设 $\tau \cdot \sigma$ 是满射. 任取 $z \in C$，则存在 $x \in A$，使得 $z = \tau \cdot \sigma(x) = \tau(\sigma(x)) = \tau(y)$.

即存在 $y \in B$，使得 $\tau(y) = z$. 故 τ 是满射.

（2）设 $\tau \cdot \sigma$ 是单射，任取 $x_1, x_2 \in A$，$x_1 \neq x_2$ 于是 $\tau \cdot \sigma(x_1) \neq \tau \cdot \sigma(x_2)$，即

$$\tau(\sigma(x_1)) \neq \tau(\sigma(x_2)) \qquad ①$$

若 $\sigma(x_1) = \sigma(x_2)$，则由式①知 τ 不是映射. 故 $\sigma(x_1) \neq \sigma(x_2)$，即 σ 是单射.

6. 设 σ 是 A 到 B 的映射，τ 是 B 到 C 的映射，请分别举出满足下列条件的实例.

（1）$\tau \cdot \sigma$ 是满射，但 σ 不是满射；

（2）$\tau \cdot \sigma$ 是单射，但 τ 不是单射；

（3）$\tau \cdot \sigma$ 是双射，但 σ 不是满射，τ 不是单射.

分析　本题是对第 5 题的补充.

解　设 $A = \{1, 2\}$，$B = \{x, y, z\}$，$C = \{u, v\}$.

令 $\sigma(1) = x$，$\sigma(2) = y$，$\tau(x) = u$，$\tau(y) = \tau(z) = v$，则有 $\tau \cdot \sigma$ 是满射和单射，但 σ 不是满射，而 τ 不是单射.

第 **4** 章　可数集与不可数集

1. 试证明:自然数集 $\mathbf{N}$ 与奇自然数集 D 等势.

分析　本题根据等势的概念进行证明,找到一个双射即可.

证明　定义 $\sigma:\mathbf{N}\to D$ 为 $\sigma(n)=2n-1,n\geqslant 1$.

显然 σ 是双射. 故 $\mathbf{N}\sim D$.

2. 设 $(a,b)=\{x\in\mathbf{R}\mid a<x<b,a,b\in\mathbf{R}\}$, $\mathbf{R}$ 为实数集. 试证明: $(a,b)\sim\mathbf{R}$.

分析　本题根据等势的概念进行证明,找到一个双射即可.

证明　定义 $f:(a,b)\to\mathbf{R}$ 为 $f(x)=\tan(\pi[x-(a+b)/2]/(b-a))$.

显然 f 是双射. 故 $(a,b)\sim\mathbf{R}$.

3. 利用"抽屉原则"证明:

(1)从小于 201 的正整数中任取 101 个数,其中必有一个数能整除另一个数;

(2)任意 52 个整数中,必有两个数之和能被 100 整除或者两个数之差能被 100 整除.

分析　(1)本小题主要是要知道任何正整数 m 都可以写成 $2^k\cdot l$(其中 k 为非负整数,l 是正奇数)的形式以及抽屉原则即可证明得到. (2)本小题相对较难,主要是构造了另外两个数,其中 $b_i=a_{52}-a_i,i=1,2,\cdots,51$;$c_j=a_{52}+a_j,j=1,2,\cdots,51$ 中的 a_{52} 之所以定义为 a_{52} 是为了确定一个数字,可以换成别的具体的,证明方法一样.

证明　(1)设 $A=\{1,2,\cdots,200\}$.

已知任何正整数 m 都可以写成 $2^k\cdot l$(其中 k 为非负整数,l 是正奇数)的形式.

设从 A 中任意取出 101 个数,由于 A 中只有 100 个奇数,则这 101 个数都写成 $2^k\cdot l$ 的形式后,至少有两个数所对应的奇数 l 是相同的,而对应的两个 k 都是非负整数,且不相同.

故对应于 k 小的数可整除对应于 k 大的另一个数.

(2)设 52 个整数 $a_1,a_2,\cdots,a_{52}$ 被 100 除的余数分别为 $r_1,r_2,\cdots,r_{52}$. 又已知可能的余数共 100 个:$0,1,\cdots,99$,将这 100 个余数分成 51 类:$\{0\},\{1,99\},\{2,98\},\cdots,\{49,51\},\{50\}$. 由抽屉原理,$r_1,r_2,\cdots,r_{52}$ 中至少有两个属于同一类,不妨设为 r_i,r_j,于是,或者 $r_i=r_j$,或者 $r_i+r_j=100$,从而,或者 a_i-a_j 可被 100 整除,或者 a_i+a_j 可被 100 整除.

4. 证明主教材定理 4.2.2 和主教材定理 4.2.3.

分析　本题主要是考察 $|A|=|B|$, $|A|\leqslant|B|$ 的定义,根据定义转化为映射来证明.

证明　证明主教材定理 4.2.2.

(1)对任意集合 A,因为 $A\sim A$,所以 $|A|=|A|$.

(2)若 $|A|=|B|$,则 $A\sim B$,即存在双射 $\sigma:A\to B$,于是 $\sigma^{-1}:B\to A$ 存在且为双射,故 $B\sim A$,即 $|B|=|A|$.

(3)若 $|A|=|B|$, $|B|=|C|$,则存在双射 $\sigma:A\to B$, $\tau:B\to C$,于是 $\tau\cdot\sigma:A\to C$ 是双射,因此, $A\sim C$. 故 $|A|=|C|$.

再证主教材定理 4.2.3.

(1) 令 $\sigma: A \to A, \sigma(x) = x, x \in a$，于是 σ 是单射. 故 $|A| \leqslant |A|$.

(2) 设 $|A| \leqslant |B|$ 且 $|B| \leqslant A$，则存在单射 $\sigma: A \to B, \tau: B \to A$，若 σ 不是满射，则可推得 τ 不是单射，矛盾. 故 σ 必为双射，即 $|A| = |B|$.

(3) 设 $|A| \leqslant |B|$ 且 $|B| \leqslant |C|$，则存在单射 $\sigma: A \to B, \tau: B \to C$，

显然，$\tau \cdot \sigma: A \to C$ 是单射. 故 $|A| \leqslant |C|$.

5. 设 A 和 B 是两个集合，$B \neq \varnothing$. 试证明：$|B| \leqslant |A|$ 当且仅当存在 A 到 B 的满射.

分析　本题要弄清楚充分性和必要性的前提和结论，如果弄错，本题的证明是错误的. 本题难在必要性，因为要构造一个满射，这是个技巧，请多体会；充分性相对较容易.

证明　必要性. 设 $|B| \leqslant |A|$，则存在单射 $\sigma: B \to A$.

若 σ 是满射，则 σ 是双射，因此 $\sigma^{-1}: A \to B$ 也是满射.

若 σ 不是满射，不妨设 $B \neq \varnothing$，任取 $e \in B$，令 $\tau: A \to B$ 如下：

$$\tau(a) = \begin{cases} b, & \text{存在 } b \in B, \text{使 } \sigma(b) = a \\ e, & a \text{ 在 } \sigma \text{ 中无像源} \end{cases}$$

显然，τ 是 A 到 B 的满射.

充分性. 设 $\sigma: A \to B$ 是满射，则 $\sigma(A) = B$，于是 $|B| = |\sigma(A)| \leqslant |A|$，故 $|B| \leqslant |A|$.

6. 设 A 是一个无限集，试证明：存在 A 的一个真子集 B，使得 $|B| = |A|$.

分析　本题首先构造一个中间集合（可数子集）A_1，然后根据 A_1 来构造一个 A 到 B 的双射，从而根据等势的概念就可以得到结论.

证明　先证任何无限集均包含一个可数子集.

设 A 为无限集，任取 $a_1 \in A$，因 A 无限，故存在 $a_2 \in A - \{a_1\}$，如此下去，有 $a_1, a_2, \cdots$，显然 $A_1 = \{a_1, a_2, \cdots\}$ 是 A 的可数子集.

令 $B = A - \{a_1\}$，则 $B \subset A$.

再证存在双射 $\sigma: A \to B$. 令

$$\sigma(x) = \begin{cases} a_{i+1}, & x = a_i \\ x, & x \notin A_1 \end{cases}$$

显然，σ 是 A 到 B 的双射. 故结论成立.

7. 试证明下列集合是可数集.

(1) $A = \{1, 4, 9, 16, \cdots, n^2, \cdots\}$；

(2) $A = \{1, 8, 27, 64, \cdots, n^3, \cdots\}$；

(3) $A = \{3, 12, 27, \cdots, 3n^2, \cdots\}$；

(4) $A = \{1, 1/2, 1/3, \cdots, 1/n, \cdots\}$.

分析　根据可数集的定义需要构造一个双射即可.

证明　(1) 令 $\sigma_1(n) = n^2, n \in \mathbf{N}^+$；

　　　(2) 令 $\sigma_2(n) = n^3, n \in \mathbf{N}^+$；

　　　(3) 令 $\sigma_3(n) = 3n^2, n \in \mathbf{N}^+$；

　　　(4) 令 $\sigma_4(n) = 1/n, n \in \mathbf{N}^+$.

8. 试证明:任何一个无限集必含可数子集.

证明　第 6 题已证.

9. 试证明:$\mathbf{N} \times \mathbf{N}$ 是可数集,$\mathbf{N}$ 为自然数集.

分析　本题主要是根据主教材定理 4.3.1 的结论,构造出形如 $a_1, a_2, \cdots, a_n, \cdots$ 的形式.

证明　将 $\mathbf{N} \times \mathbf{N}$ 的元素如下排列,设 $\langle x, y \rangle \in \mathbf{N} \times \mathbf{N}$.

按 $x + y$ 的值由小到大排列;

若 $x + y = u + v$,则 $\langle x, y \rangle$ 和 $\langle u, v \rangle$ 中 x, u 的较小者先排,这样就有 $\langle 0, 0 \rangle$,$\langle 0, 1 \rangle$,$\langle 1, 0 \rangle$,$\langle 0, 2 \rangle$,$\langle 1, 1 \rangle$,$\langle 2, 0 \rangle$,$\cdots$.

第5章 命题逻辑

1.试判断下列语句是否为命题,并指出哪些是简单命题,哪些是复合命题.

(1)$\sqrt{2}$是有理数.

(2)计算机能思考吗?

(3)如果我们学好了离散数学,那么我们就为学习计算机专业课程打下了良好的基础.

(4)请勿抽烟!

(5)$x+5>0$.

(6)π的小数展开式中,符号串1234出现奇数次.

(7)这幅画真好看啊!

(8)2050年元旦的那天天气晴朗.

(9)李明与张华是同学.

(10)2既是偶数又是素数.

分析 本题主要是考察命题的定义,只要理解定义即可.

解 (1)是命题,且为简单命题.

(2)非命题.

(3)是命题,且为复合命题.

(4)非命题.

(5)非命题.

(6)是命题,且为简单命题.

(7)非命题.

(8)是命题,且为简单命题.

(9)是命题,且为简单命题.

(10)是命题,且为复合命题.

2.讨论上题中命题的真值,并将其中的复合命题符号化.

解 (1)F.

(3)T.

P:我们学好了离散数学. Q:我们为学习计算机专业课程打下了良好的基础.

$P \rightarrow Q$.

(6)不知真假.

(8)不知真假.

(9)真或假视情况而定.

(10)T. P:2是素数. Q:2是偶数. $P \wedge Q$.

3. 将下列命题符号化.

(1) 小王很聪明, 但不用功.

(2) 如果天下大雨, 我就乘公共汽车上班.

(3) 只有天下大雨, 我才乘公共汽车上班.

(4) 不是鱼死, 就是网破.

(5) 李平是否唱歌, 将根据王丽是否伴奏而定.

分析　本题主要是考察命题的符号化, 主要是要分清合取、析取、蕴涵、等价的使用环境.

解　(1) P: 小王很聪明.　　　Q: 小王不用功.　　　　　$P \wedge Q$.

(2) P: 天下大雨.　　　Q: 我乘公共汽车上班.　　　$P \rightarrow Q$.

(3) P: 天下大雨.　　　Q: 我乘公共汽车上班.　　　$Q \rightarrow P$.

(4) P: 鱼死.　　　　Q: 网破.　　　　　　　　$P \vee Q$.

(5) P: 李平唱歌.　　　Q: 王丽伴奏.　　　　　　$P \leftrightarrow Q$.

4. 求下列命题公式的真值表.

(1) $P \rightarrow (Q \vee R)$;

(2) $P \wedge (Q \vee \neg R)$;

(3) $(P \wedge (P \rightarrow Q)) \rightarrow Q$;

(4) $\neg (P \rightarrow Q) \wedge Q$;

(5) $(P \vee Q) \leftrightarrow (P \wedge Q)$.

分析　主要考察真值表. 最好自己按照一个思路写出所有的解释, 不要遗漏(可以参考二进制来进行给出解释, 例如, P, Q, 那么可以按照如下顺序给出解释: $(0,0)(0,1)(1,0)(1,1)$).

解　(1)

P	Q	R	$Q \vee R$	$P \rightarrow (Q \vee R)$
1	0	1	1	1
1	1	1	1	1
0	0	1	1	1
0	1	1	1	1
1	0	0	0	0
1	1	0	1	1
0	0	0	0	1
0	1	0	1	1

(2)

P	Q	R	$\neg R$	$Q \vee \neg R$	$P \wedge (Q \vee \neg R)$
1	1	1	0	1	1
1	0	1	0	0	0
0	1	1	0	1	0
0	0	1	0	0	0
1	1	0	1	1	1
1	0	0	1	1	1
0	1	0	1	1	0
0	0	0	1	1	0

(3)

P	Q	$P\to Q$	$P\land(P\to Q)$	$(P\land(P\to Q))\to Q$
1	0	0	0	1
1	1	1	1	1
0	0	1	0	1
0	1	1	0	1

(4)

P	Q	$P\to Q$	$\neg(P\to Q)$	$\neg(P\to Q)\land Q$
1	0	0	1	0
1	1	1	0	0
0	0	1	0	0
0	1	1	0	0

(5)

P	Q	$P\lor Q$	$P\land Q$	$(P\lor Q)\leftrightarrow(P\land Q)$
1	0	1	0	0
1	1	1	1	1
0	0	0	0	1
0	1	1	0	0

5. 用真值表方法验证下列基本等值式.

(1)分配律；

(2)De Morgen 律；

(3)吸收律.

分析 本题通过验证等值符号两边的真值表相同即可.

解 (1)$P\lor(Q\land R)\Leftrightarrow(P\lor Q)\land(P\lor R)$

P	Q	R	$Q\land R$	$P\lor(Q\land R)$	$P\lor Q$	$P\lor R$	$(P\lor Q)\land(P\lor R)$
1	0	1	0	1	1	1	1
1	1	1	1	1	1	1	1
0	0	1	0	0	0	1	0
0	1	1	1	1	1	1	1
1	0	0	0	1	1	1	1
1	1	0	0	1	1	1	1
0	0	0	0	0	0	0	0
0	1	0	0	0	1	0	0

所以 $P\lor(Q\land R)\Leftrightarrow P\lor Q\land(P\lor R)$

(2)(i)$\neg(P\land Q)\Leftrightarrow\neg P\lor\neg Q$.

P	Q	$P\land Q$	$\neg(P\land Q)$	$\neg P$	$\neg Q$	$\neg P\lor\neg Q$
1	1	1	0	0	0	0
1	0	0	1	0	1	1
0	1	0	1	1	0	1
0	0	0	1	1	1	1

(ii) $\neg (P \lor Q) \Leftrightarrow \neg P \land \neg Q$.

P	Q	$P \lor Q$	$\neg (P \lor Q)$	$\neg P$	$\neg Q$	$\neg P \land \neg Q$
1	1	1	0	0	0	0
1	0	1	0	0	1	0
0	1	1	0	1	0	0
0	0	0	1	1	1	1

(3)(i) $P \land (P \lor Q) \Leftrightarrow P$.

P	Q	$P \lor Q$	$P \land (P \lor Q)$
1	0	1	1
1	1	1	1
0	0	0	0
0	1	1	0

(ii) $P \lor (P \land Q) \Leftrightarrow P$.

P	Q	$P \land Q$	$P \lor (P \land Q)$
1	0	0	1
1	1	1	1
0	0	0	0
0	1	0	0

6. 用等值演算的方法证明下列等值式.

(1) $(P \land Q) \lor (P \land \neg Q) \Leftrightarrow P$;

(2) $((P \to Q) \land (P \to R)) \Leftrightarrow (P \to (Q \land R))$;

(3) $\neg (P \leftrightarrow Q) \Leftrightarrow ((P \lor Q) \land \neg (P \land Q))$.

分析　本题主要是通过所学过的基本等值式来进行等值演算,把某一边转换到另一边,或者是两边同时等值演算到一个相同的命题公式.

解　(1) $(P \land Q) \lor (P \land \neg Q) \Leftrightarrow P \land (Q \lor \neg Q) \Leftrightarrow P$.

(2) $((P \to Q) \land (P \to R)) \Leftrightarrow ((\neg P \lor Q) \land (\neg P \lor R)) \Leftrightarrow \neg P \lor (Q \land R) \Leftrightarrow (P \to (Q \land R))$.

(3) $\neg (P \leftrightarrow Q) \Leftrightarrow \neg ((P \to Q) \land (Q \to P)) \Leftrightarrow \neg ((\neg P \lor Q) \land (\neg Q \lor P))$

$\Leftrightarrow (\neg (\neg P \lor Q)) \lor (\neg (\neg Q \lor P)) \Leftrightarrow (P \land \neg Q) \lor (Q \land \neg P)$

$\Leftrightarrow ((P \land \neg Q) \lor Q) \land ((P \land \neg Q) \lor \neg P)$

$\Leftrightarrow ((P \lor Q) \land (\neg Q \lor Q)) \land ((P \lor \neg P) \land (\neg Q \lor \neg P))$

$\Leftrightarrow (P \lor Q) \land (\neg Q \lor \neg P) \Leftrightarrow (P \lor Q) \land \neg (P \land Q)$.

7. 设 A,B,C 为任意命题公式,试判断以下的说法是否正确,并简单说明之.

(1) 若 $A \lor C \Leftrightarrow B \lor C$,则 $A \Leftrightarrow B$;

(2) 若 $A \land C \Leftrightarrow B \land C$,则 $A \Leftrightarrow B$;

(3) 若 $\neg A \Leftrightarrow \neg B$,则 $A \Leftrightarrow B$.

分析　本题主要是两个命题公式的析取、合取、否满足一定条件,另外的一种情况的结论是否满足. 成立给出证明,不成立给出反例.

解　(1) 不正确. 如 A 为真,B 为假,C 为真时,$A \lor C \Leftrightarrow B \lor C$ 成立,但 $A \Leftrightarrow B$ 不成立.

（2）不正确. 如 A 为真，B 为假，C 为假时，$A \wedge C \Leftrightarrow B \wedge C$ 成立，但 $A \Leftrightarrow B$ 不成立.

（3）成立. $\neg A$，$\neg B$ 同真时，A，B 同假；$\neg A$，$\neg B$ 假时，A，B 同真.

8. 主教材表 5.12 是含两个命题变元的所有命题公式 $F_1 \sim F_{16}$ 的真值表，试写出每个命题公式 $F_i(i=1,2,\cdots,16)$ 的最多含两个命题变元的具体形式.

主教材表 5.12

P	Q	F_1	F_2	F_3	F_4	F_5	F_6	F_7	F_8	F_9	F_{10}	F_{11}	F_{12}	F_{13}	F_{14}	F_{15}	F_{16}
0	0	0	0	0	0	0	0	0	0	1	1	1	1	1	1	1	1
0	1	0	0	0	0	1	1	1	1	0	0	0	0	1	1	1	1
1	0	0	0	1	1	0	0	1	1	0	0	1	1	0	0	1	1
1	1	0	1	0	1	0	1	0	1	0	1	0	1	0	1	0	1

分析 本题主要是观察所给出的真值表，通过两个命题变元的析取、合取、否、蕴涵、等价等基本运算来写出对应的命题公式.

解 $F_1:0$； $F_2:P \wedge Q$； $F_3:P \wedge \neg Q$； $F_4:P$； $F_5: \neg P \wedge Q$； $F_6:Q$； $F_7: \neg (P \leftrightarrow Q)$；
$F_8:P \vee Q$； $F_9: \neg P \wedge \neg Q$； $F_{10}:P \leftrightarrow Q$； $F_{11}: \neg Q$； $F_{12}:P \vee \neg Q$； $F_{13}: \neg P$；
$F_{14}:P \rightarrow Q$； $F_{15}: \neg (P \wedge Q)$； $F_{16}:1$.

9. 略.

10. 略.

11. 求下列命题公式的析取范式和合取范式.

（1）$(\neg P \wedge Q) \rightarrow R$；

（2）$(P \rightarrow Q) \rightarrow R$；

（3）$(\neg P \rightarrow Q) \rightarrow (\neg Q \vee P)$；

（4）$\neg (P \rightarrow Q) \wedge P \wedge R$.

分析 通过基本等值式经过等值演算写出析取范式、合取范式.

解 （1）原式 $\Leftrightarrow \neg (\neg P \wedge Q) \vee R \Leftrightarrow (P \vee \neg Q) \vee R \Leftrightarrow P \vee \neg Q \vee R$（析、合取范式）.

（2）原式 $\Leftrightarrow (\neg P \vee Q) \rightarrow R \Leftrightarrow \neg (\neg P \vee Q) \vee R \Leftrightarrow (P \wedge \neg Q) \vee R$.

所以析取范式为 $(P \wedge \neg Q) \vee R$.

又 $(P \wedge \neg Q) \vee R \Leftrightarrow (P \vee R) \wedge (\neg Q \vee R)$，所以合取范式为 $(P \vee R) \wedge (\neg Q \vee R)$.

（3）原式 $\Leftrightarrow (P \vee Q) \rightarrow (\neg Q \vee P)$

$\Leftrightarrow \neg (P \vee Q) \vee (\neg Q \vee P) \Leftrightarrow (\neg P \wedge \neg Q) \vee (\neg Q \vee P) \Leftrightarrow ((\neg P \wedge \neg Q) \vee \neg Q) \Leftrightarrow \neg Q \vee P$.

所以析、合取范式均为 $\neg Q \vee P$.

（4）原式 $\Leftrightarrow \neg (\neg P \vee Q) \wedge P \wedge R \Leftrightarrow (P \wedge \neg Q) \wedge P \wedge R \Leftrightarrow P \wedge \neg Q \wedge R$.

所以析、合取范式均为 $(P \wedge \neg Q \wedge R)$.

12. 求下列命题公式的主析取范式和主合取范式.

（1）$(\neg P \vee \neg Q) \rightarrow (P \leftrightarrow \neg Q)$；

（2）$P \vee (\neg P \rightarrow (Q \vee (\neg Q \rightarrow R)))$；

（3）$(\neg P \rightarrow R) \wedge (P \leftrightarrow Q)$.

分析 通过基本等值式，经过等值演算写出析取范式、合取范式，然后再根据定理求出对应的主析取范式、主合取范式.

解　(1)原式$\Leftrightarrow(\neg P\vee\neg Q)\rightarrow((P\rightarrow\neg Q)\wedge(\neg Q\rightarrow P))$

$\qquad\Leftrightarrow(\neg P\vee\neg Q)\rightarrow((\neg P\vee\neg Q)\wedge(Q\vee P))$

$\qquad\Leftrightarrow\neg(\neg P\vee\neg Q)\vee((\neg P\vee\neg Q)\wedge(Q\vee P))$

$\qquad\Leftrightarrow(\neg(\neg P\vee\neg Q)\vee(\neg P\vee\neg Q))\wedge(\neg(\neg P\vee\neg Q)\vee(Q\vee P))$

$\qquad\Leftrightarrow1\wedge((P\wedge Q)\vee Q\vee P)\Leftrightarrow Q\vee P$

所以主合取式为$Q\vee P=M_0$.

所以主析取式为$m_1\vee m_2\vee m_3=\Leftrightarrow(\neg P\wedge Q)\vee(P\wedge\neg Q)\vee(P\wedge Q)$.

(2)原式$\Leftrightarrow P\vee(P\vee(Q\vee(Q\vee R)))\Leftrightarrow P\vee(P\vee(Q\vee R))\Leftrightarrow P\vee Q\vee R$

所以主合取式为$P\vee Q\vee R=M_0$.

所以主析取式为$m_1\vee m_2\vee m_3\vee m_4\vee m_5\vee m_6\vee m_7$.

即$(\neg P\wedge\neg Q\wedge R)\vee(\neg P\wedge Q\wedge\neg R)\vee(\neg P\wedge Q\wedge R)\vee(P\wedge\neg Q\wedge\neg R)\vee$

$\quad(P\wedge\neg Q\wedge R)\vee(P\wedge Q\wedge\neg R)\vee(P\wedge Q\wedge R)$

(3)原式

$\Leftrightarrow(\neg P\rightarrow R)\wedge(P\rightarrow Q)\wedge(Q\rightarrow P)\Leftrightarrow(P\vee R)\wedge(\neg P\vee Q)\wedge(P\vee\neg Q)$

$\Leftrightarrow((P\vee R)\vee(Q\wedge\neg Q))\wedge((\neg P\vee Q)\vee(R\wedge\neg R))\wedge((P\vee\neg Q)\vee(R\wedge\neg R))$

$\Leftrightarrow(P\vee R\vee Q)\wedge(P\vee R\vee\neg Q)\wedge(\neg P\vee Q\vee\neg R)\wedge(\neg P\vee Q\vee R)\wedge(P\vee\neg Q\vee\neg R)\wedge$

$\quad(P\vee\neg Q\vee R)$

$\Leftrightarrow(P\vee Q\vee R)\wedge(P\vee\neg Q\vee R)\wedge(\neg P\vee Q\vee\neg R)\wedge(\neg P\vee Q\vee R)\wedge$

$\quad(P\vee\neg Q\vee\neg R)\wedge(P\vee\neg Q\vee R)$

所以主合取范式为

$\qquad(P\vee Q\vee R)\wedge(P\vee\neg Q\vee R)\wedge(\neg P\vee Q\vee R)\wedge(\neg P\vee Q\vee\neg R)\wedge(P\vee\neg Q\vee\neg R)$

$\qquad=M_0\wedge M_2\wedge M_3\wedge M_4\wedge M_5$.

主析取范式为:$m_1\vee m_6\vee m_7=(\neg P\wedge\neg Q\wedge R)\vee(P\wedge Q\wedge\neg R)\vee(P\wedge R\wedge Q)$.

13. 通过求主析取范式,证明:$P\vee(\neg P\wedge Q)\Rightarrow P\vee Q$.

分析　本题主要是通过求主析取范式来证明一个命题公式蕴涵另外一个命题公式. 这个题目如果没有要求用主析取范式来证明,同时也可以用求主合取范式来证明结论.

证明　$P\vee(\neg P\wedge Q)\Leftrightarrow(P\wedge(\neg Q\vee Q))\vee(\neg P\wedge Q)$

$\qquad\Leftrightarrow(P\wedge\neg Q)\vee(P\wedge Q)\vee(\neg P\wedge Q)(P\vee Q)$

$\qquad\Leftrightarrow(P\wedge(Q\vee\neg Q))\vee(Q\wedge(\neg P\vee P))$

$\qquad\Leftrightarrow(P\wedge Q)\vee(P\wedge\neg Q)\vee(Q\wedge\neg P)\vee(P\wedge Q)$

$\qquad\Leftrightarrow(P\wedge Q)\vee(\neg P\wedge Q)\vee(P\wedge\neg Q)$

所以两式的主析取范式相同,即$P\vee(\neg P\wedge Q)$为真时,$P\vee Q$亦为真,此时$P\vee(\neg P\wedge Q)\rightarrow(P\vee Q)$成立;而$P\vee(\neg P\wedge Q)$为假时,不论$P\vee Q$为何值$P\vee(\neg P\wedge Q)\rightarrow(P\vee Q)$成立.

所以$P\vee(\neg P\wedge Q)\rightarrow(P\vee Q)$为重言式,故$P\vee(\neg P\wedge Q)\Rightarrow(P\vee Q)$.

14. 构造下面推理的证明.

(1)前提:$\neg(P\wedge\neg Q),\neg Q\vee R,\neg R$

结论:$\neg P$

（2）前提：$P \rightarrow (Q \rightarrow S), Q, P \vee \neg R$

结论：$R \rightarrow S$

（3）前提 $P \rightarrow Q$

结论：$P \rightarrow (P \wedge Q)$

（4）前提：$P \vee Q, P \rightarrow R, Q \rightarrow S$

结论：$S \vee R$

（5）前提：$P \rightarrow (Q \rightarrow S), \neg R \vee P, Q$

结论：$R \rightarrow S$

（6）前提：$\neg P \wedge \neg Q$

结论：$\neg (P \wedge Q)$

分析　本题主要是通过构造证明法，依据所学的基本蕴涵式来证明.

解　（1）证明：① $\neg R$　　　　　　　前提引入

② $\neg Q \vee R$　　　　　　　前提引入

③ $\neg Q$　　　　　　　析取三段论，①，②

④ $\neg (P \wedge \neg Q)$　　　　前提引入

⑤ $\neg P \vee Q$　　　　　　等值置换，④

⑥ $\neg P$　　　　　　　析取三段论，③，⑤

（2）证明：① R　　　　　　　附加前提

② $P \vee \neg R$　　　　　　前提

③ P　　　　　　　析取三段论，①，②

④ $P \rightarrow (Q \rightarrow S)$　　　前提

⑤ $\neg P \vee (\neg Q \vee S)$　　　等价置换，④

⑥ $\neg Q \vee S$　　　　　　析取三段论，③，⑤

⑦ Q　　　　　　　前提

⑧ S　　　　　　　析取三段论，⑥，⑦

（3）证明：① P　　　　　　　附加前提

② $P \rightarrow Q$　　　　　　前提

③ Q　　　　　　　假言推理，①，②

④ $P \wedge Q$　　　　　　合取

（4）证明：① $P \vee Q$　　　　　前提

② $P \rightarrow R$　　　　　　前提

③ $Q \rightarrow S$　　　　　　前提

④ $S \vee R$　　　　　　构造性二难，①，②，③

（5）证明：① R　　　　　　　附加前提

② $\neg R \vee P$　　　　　　前提

③ P　　　　　　　析取三段论，①，②

④ $P \rightarrow (Q \rightarrow S)$　　　前提

⑤ $\neg P \vee (\neg Q \vee S)$　　　等值置换，④

⑥¬$Q \lor S$　　　　　　　析取三段论,③,⑤

⑦Q　　　　　　　　　前提

⑧S　　　　　　　　　析取三段论,⑥,⑦

⑨$R \to S$　　　　　　　①,⑧,附加前提证明法

(6)证明:①¬$P \land$¬Q　　　前提

②¬P　　　　　　　　简化,①

③¬$P \lor$¬Q　　　　　附加,②

④¬$(P \land Q)$　　　　　等值置换,③

15. 某公安人员审查一件盗窃案,已知的事实如下:

(1)甲或乙盗窃了电视机;

(2)若甲盗窃了电视机,则作案的时间不能发生在午夜前;

(3)若乙的口供正确,则午夜时屋里的灯光未灭;

(4)若乙的口供不正确,则作案时间发生在午夜之前;

(5)午夜时屋里的灯光灭了.

试利用逻辑推理来确定谁盗窃了电视机.

分析　本题是一个实际应用题.通过已知的事实来推断一个结论.本题主要是写出符号化前提、结论,然后转化为命题逻辑的内容.最后根据前提以及所学过的基本蕴涵式以及等值式来证明结论成立.

解　P:甲盗窃了电视机.

Q:乙盗窃了电视机.

R:作案时间发生在午夜前.

S:乙的口供正确.

T:午夜时屋里的灯光灭了.

前提:$P \lor Q$,　$P \to$¬R,　$S \to$¬T,　¬$S \to R$,　T

①T　　　　　　　　　前提

②$S \to$¬T　　　　　　前提

③¬S　　　　　　　　拒取式,①,②

④¬$S \to R$　　　　　　前提

⑤R　　　　　　　　　假言推理,③,④

⑥$P \to$¬R　　　　　前提

⑦¬P　　　　　　　　拒取式,⑤,⑥

⑧$P \lor Q$　　　　　　前提

⑨Q　　　　　　　　　析取三段论

结论:乙盗窃了电视机.

16. 判断下面的推理是否正确.

(1)如果 a,b 两数之积为 0,则 a,b 中至少有一个数为 0,a,b 两数之积不为零. 所以,a,b 均不为 0.

(2)若 a,b 两数之积是负的,则 a,b 中恰有一个数为负数. a,b 中不是恰有一个数为负数. 所

以,a,b 两数之积是非负的.

(3)如果今天是星期一,则明天是星期三. 今天是星期一. 所以,明天是星期三.

(4)如果西班牙是一个国家,则北京是一个城市. 北京是一个城市. 所以,西班牙是一个国家.

解 (1)不正确.

P:a,b 两数之积为 0.

Q:a,b 中至少有一个数为 0.

推理形式为 $P \to Q, \neg P \Rightarrow \neg Q$.

(2)正确.

P:a,b 两数之积是负的.

Q:a,b 中恰有一个数为负数.

推理形式为 $P \to Q, \neg Q \Rightarrow \neg P$.

(3)正确.

P:今天是星期一.

Q:明天是星期三.

推理形式为 $P \to Q, P \Rightarrow Q$.

(4)错误.

P:西班牙是一个国家.

Q:北京是一个城市.

推理形式为 $P \to Q, Q \Rightarrow P$.

17. 给出下列定理的证明序列.

(1)$(A \to (A \to B)) \to (A \to B)$;

(2)$(A \to B) \to ((B \to C) \to (A \to C))$.

解 (1)①$(A \to (A \to B)) \to ((A \to (A \to B)) \to (A \to B)) \to (A \to (A \to B))$ ⟶ L_1

②$(A \to (A \to B)) \to ((A \to (A \to B) \to (A \to B)) \to (A \to (A \to B)))$
⟶$(A \to (A \to B)) \to ((A \to (A \to B) \to (A \to B)) \to ((A \to (A \to B)) \to (A \to (A \to B))))$ ⟶ L_2

③$(A \to (A \to B)) \to ((A \to (A \to B) \to (A \to B)) \to (A \to (A \to B)))$ ⟶ MP,①,②

④$(A \to (A \to B)) \to ((A \to (A \to B) \to (A \to B))
\to (A \to (A \to B))) \to (A \to (A \to B)) \to A \to B$ ⟶ L_2

⑤$(A \to (A \to B)) \to (A \to B)$ ⟶ MP,③,④

(2)①$(A \to B) \to (((A \to B) \to ((B \to C) \to (A \to C))) \to (A \to B))$ ⟶ L_1

②$(A \to B) \to (((A \to B) \to ((B \to C) \to (A \to C))) \to (A \to B)) \to ((A \to B)$
⟶$((A \to B) \to ((B \to C) \to (A \to C)))) \to ((A \to B) \to (A \to B))$ ⟶ L_2

③$((A \to B) \to ((A \to B) \to ((B \to C) \to (A \to C)))) \to ((A \to B) \to (A \to B))$ ⟶ MP,①,②

④$((A \to B) \to ((A \to B) \to ((B \to C) \to (A \to C)))) \to ((A \to B) \to (A \to B))$
⟶$((A \to B) \to ((B \to C) \to (A \to C)))$ ⟶ L_2

⑤$((A \to B) \to ((B \to C) \to (A \to C)))$ ⟶ MP,③,④

18. 利用演绎定理证明.

(1)$\vdash (B \to A) \to (\neg A \to \neg B)$;

（2）$\vdash ((A \to B) \to A) \to A$；

（3）$\vdash \neg (A \to B) \to (B \to A)$.

解　（1）先证：$(B \to A) \vdash (\neg A \to \neg B)$

①$(B \to A)$	假设
②$(B \to A) \to (\neg A \to \neg B)$	L_3
③$\neg A \to \neg B$	MP,①,②

由演绎定理得：$\vdash (B \to A) \to (\neg A \to \neg B)$.

（2）先证：$(A \to B) \to A \vdash A$

①$(A \to B) \to A$	假设
②$((A \to B) \to A) \to (A \to B)$	置换,①
③$A \to B$	MP,①,②
④A	MP,①,③

由演绎定理得：$\vdash ((A \to B) \to A) \to A$.

（3）先证 $\neg (A \to B) \vdash (B \to A)$

①$\neg (A \to B)$	假设
②$\neg (A \to B) \to (\neg A \to \neg (A \to B))$	L_1
③$\neg A \to \neg (A \to B)$	MP,①,②
④$(\neg A \to \neg (A \to B)) \to ((A \to B) \to A)$.	L_3
⑤$(A \to B) \to A$	MP,③,④
⑥$B \to (A \to B)$	L_1
⑦$B \to A$	HS,⑤,⑥

由演绎定理得：$\vdash \neg (A \to B) \to (B \to A)$.

第6章 一阶逻辑

1.设下面所有谓词的论域 $D = \{a,b,c\}$. 试将下面命题中的量词消除,写成与之等值的命题公式.

(1) $\forall xR(x) \land \exists xS(x)$;

(2) $\forall x(P(x) \rightarrow Q(x))$;

(3) $\forall x \neg P(x) \lor \forall xP(x)$.

分析 本题主要是考察对全称量词、存在量词的理解,然后通过合取词、析取词把全称量词和存在量词消去.

解 (1) $(R(a) \land R(b) \land R(c)) \land (S(a) \lor S(b) \lor S(c))$;

(2) $(P(a) \rightarrow Q(a)) \land (P(b) \rightarrow Q(b)) \land (P(c) \rightarrow Q(c))$;

(3) $(\neg P(a) \land \neg P(b) \land \neg P(c)) \lor (P(a) \land P(b) \land P(c))$.

2. 指出下列命题的真值.

(1) $\forall x(P \rightarrow Q(x)) \lor R(e)$,其中,$P:3 > 2, Q(x):x = 3, R(x):x > 5, e:5$,论域 $D = \{-2,3,6\}$;

(2) $\exists x(P(x) \rightarrow Q(x))$,其中,$P(x):x > 3, Q(x):x = 4$,论域 $D = \{2\}$.

分析 本题主要是考察合式公式的解释的定义,已经判定给定解释下合式公式的真值.

解 (1)假.(x 为 -2 时不成立)

(2)真.

3. 在一阶逻辑中,将下列命题符号化.

(1)凡有理数均可表示为分数.

(2)有些实数是有理数.

(3)并非所有实数都是有理数.

(4)如果明天天气好,有一些学生将去公园.

(5)对任意的正实数,都存在大于该实数的实数.

(6)对任意给 $\varepsilon > 0, x_0 \in (a,b)$,都存在 N,使当 $n > N$ 时,有 $|f(x_0) - f_n(x)| < \varepsilon$.

分析 本题主要是考察存在量词、全称量词以及基本联结词的运用.

解 (1)令: $P(x):x$ 是有理数. $Q(x):x$ 可表示为分数.

$$\forall x(P(x) \rightarrow Q(x))$$

(2) $P(x):x$ 是实数. $Q(x):x$ 是有理数.

$$\exists x(P(x) \land Q(x))$$

(3) $P(x):x$ 是实数. $Q(x):x$ 是有理数.

$$\neg \forall x(P(x) \rightarrow Q(x))$$

(4) $P(x):x$ 去公园. $S(x):x$ 是学生. W:明天天气好.

$$W \rightarrow \exists x(P(x) \land S(x))$$

(5) $P(x)$:x 是正实数. $G(x,y)$:x 大于 y.
$$\forall x(P(x)\rightarrow\exists y(P(y)\wedge G(y,x)))$$

(6) $G(x,y)$:$x>y$. $S(x)$:$x\in(a,b)$.
$$\forall\varepsilon\forall x_0(G(\varepsilon,0)\wedge S(x_0)\rightarrow\exists N\forall n(G(n,N)\rightarrow G(\varepsilon,|f(x_0)-f_n(x)|)))$$

4. 指出下列公式中的自由变元和约束变元,并指出各量词的作用域.

(1) $\forall x(P(x)\wedge Q(x))\rightarrow\forall xR(x)\wedge Q(z)$;

(2) $\forall x(P(x)\wedge\exists yQ(y))\vee(\forall xP(x)\rightarrow Q(z))$;

(3) $\forall x(P(x)\leftrightarrow Q(x))\wedge\exists yR(y)\wedge s(z)$;

(4) $\forall x(F(x)\rightarrow\exists yH(x,y))$;

(5) $\forall xF(x)\rightarrow G(x,y)$;

(6) $\forall x\forall y(R(x,y)\wedge Q(x,z))\wedge\exists xH(x,y)$.

分析　本题主要是考察自由变元、约束变元的定义,以及量词的作用域的概念.

解　(1)自由变元 z;约束变元 x. 第一个 $\forall x$ 的作用域是 $(P(x)\wedge Q(x))$,第二个 $\forall x$ 的作用域是 $R(x)$.

(2)自由变元 z;约束变元 x,y. 第一个 $\forall x$ 的作用域为 $(P(x)\wedge\exists yQ(y))$ 中的 $P(x)$;第二个 $\forall x$ 的作用域为第二个 $P(x)$;$\exists y$ 的作用域为 $Q(y)$.

(3)自由变元:z;约束变元:x 和 y. $\forall x$ 的作用域为 $(P(x)\leftrightarrow Q(x))$;$\exists y$ 的作用域为 $R(y)$.

(4)无自由变元;约束变元:x,y. $\forall x$ 的作用域为 $(F(x)\rightarrow\exists yH(x,y))$;$\exists y$ 的作用域为 $H(x,y)$.

(5)自由变元:y 与 $G(x,y)$ 中的 x;约束变元:$F(x)$ 中的 x. $\forall x$ 的作用域为 $F(x)$.

(6)自由变元:z 与 $H(x,y)$ 中的 y;约束变元:x,y. $\forall x$ 和 $\forall y$ 的作用范围为 $(R(x,y)\wedge Q(x,z))$;$\exists x$ 的作用范围为 $H(x,y)$.

5. 设谓词公式 $\forall x(P(x,y)\vee Q(x,z))$. 判定以下改名是否正确.

(1) $\forall u(P(u,y)\vee Q(x,z))$;

(2) $\forall u(P(u,y)\vee Q(u,z))$;

(3) $\forall x(P(u,y)\vee Q(u,z))$;

(4) $\forall u(P(x,y)\vee Q(x,z))$;

(5) $\forall y(P(y,y)\vee Q(y,z))$.

分析　本题主要是考察改名规则的定义,以及它的适用范围. 有兴趣的同学可以顺便了解一下代替规则情形.

解　(1)错误;

(2)正确;

(3)错误;

(4)错误;

(5)错误.

6. 设 I 是如下一个解释:
$$D:=\{a,b\};P(a,a):=1;P(a,b):=0;P(b,a):=0;P(b,b):=1.$$
试确定下列公式在 I 下的真值.

(1) $\forall x\exists yP(x,y)$;

(2) $\forall x \forall y P(x,y)$；

(3) $\forall x \forall y (P(x,y) \rightarrow P(y,x))$；

(4) $\forall x P(x,x)$.

分析 本题主要考察合式公式在特定解释下的真值.

解 (1) 真；

(2) 假；

(3) 真；

(4) 真.

7. 判断下列公式的恒真性和恒假性.

(1) $\forall x F(x) \rightarrow \exists x F(x)$；

(2) $\forall x F(x) \rightarrow (\forall x \exists y G(x,y) \rightarrow \forall x F(x))$；

(3) $\forall x F(x) \rightarrow (\forall x F(x) \vee \exists y G(y))$；

(4) $\neg (F(x,y) \rightarrow F(x,y))$.

分析 本题主要是根据已知的命题公式、合式公式的基本等值式来进行推导，看该合式公式是与 1 等值还是与 0 等值.

解 (1) 恒真；

(2) 恒真；

(3) 恒真；

(4) 恒假.

8. 设 $G(x)$ 是恰含自由变元 x 的谓词公式，H 是不含变元 x 的谓词公式，证明：

(1) $\forall x(G(x) \rightarrow H) \Leftrightarrow \exists x G(x) \rightarrow H$；

(2) $\exists x(G(x) \rightarrow H) \Leftrightarrow \forall x G(x) \rightarrow H$.

分析 本题根据量词作用域的扩张进行证明.

证明 (1) $\forall x(G(x) \rightarrow H) \Leftrightarrow \forall x(\neg G(x) \vee H) \Leftrightarrow \forall x \neg G(x) \vee H$

$$\Leftrightarrow \neg (\exists x G(x)) \vee H \Leftrightarrow \exists x G(x) \rightarrow H$$

(2) $\exists x(G(x) \rightarrow H) \Leftrightarrow \exists x(\neg G(x) \vee H) \Leftrightarrow \exists x \neg G(x) \vee H$

$$\Leftrightarrow \neg (\forall x G(x)) \vee H \Leftrightarrow \forall x G(x) \rightarrow H$$

9. 设 $G(x,y)$ 是任意一个含 x,y 自由出现的谓词公式，证明：

(1) $\forall x \forall y G(x,y) \Leftrightarrow \forall y \forall x G(x,y)$；

(2) $\exists x \exists y G(x,y) \Leftrightarrow \exists y \exists x G(x,y)$.

分析 本主要是根据两个合式公式等值的定义进行证明.

证明 (1) 设 D 是论域，I 是 $G(x,y)$ 的一个解释.

若 $\forall x \forall y G(x,y)$ 在 I 下为真，则在 I 下，对任意的 $x,y \in D$，$G(x,y)$ 即 $\forall y \forall x G(x,y)$ 是真命题，反之亦然.

若 $\forall x \forall y G(x,y)$ 在 I 下为假，则在 I 下必存在 $x_0 \in D$ 或 $y_0 \in D$，使得 $G(x_0,y)$ 或 $G(x,y_0)$ 为假，于是此 x_0 或 y_0 亦弄假 $\forall y \forall x G(x,y)$，反之亦然.

(2) 设 D 是论域，I 是 $G(x,y)$ 的一个解释.

若 $\exists x \exists y G(x,y)$ 在 I 下为真，则在 I 下存在 $x_0 \in D$ 与 $y_0 \in D$，使 $G(x_0,y_0)$ 为真命题，于是

$\exists y \exists x G(x,y)$ 也是真命题,反之亦然.

若 $\exists x \exists y G(x,y)$ 在 I 下为假,则对任意 $x,y \in D$,$G(x,y)$ 均为假,故 $\exists y \exists x G(x,y)$ 亦为假,反之亦然.

10. 将下列公式化成等价的前束范式.

(1) $\forall x F(x) \wedge \neg \exists x G(x)$;

(2) $\forall x F(x) \rightarrow \exists x G(x)$;

(3) $(\forall x F(x,y) \rightarrow \exists y G(y)) \rightarrow \forall x H(x,y)$;

(4) $\forall x(P(x) \rightarrow \exists y Q(x,y))$.

分析　本题主要是根据已知的基本等值式通过消去蕴涵联结词、等价联结词,依据改名规则、代替规则进行等值演算化成前束范式.

解　(1) $\forall x F(x) \wedge \neg \exists x G(x) \Leftrightarrow \forall x F(x) \wedge \forall x \neg G(x) \Leftrightarrow \forall x(F(x) \wedge \neg G(x))$;

(2) $\forall x F(x) \rightarrow \exists x G(x) \Leftrightarrow \neg \forall x F(x) \vee \exists x G(x) \Leftrightarrow \exists x(\neg F(x)) \vee \exists x G(x) \Leftrightarrow \exists x \neg(F(x) \vee G(x))$

(3) $(\forall x F(x,y) \rightarrow \exists y G(y)) \rightarrow \forall x H(x,y)$

$\Leftrightarrow (\neg(\forall x F(x,y)) \vee \exists y G(y)) \rightarrow \forall x H(x,y)$

$\Leftrightarrow (\exists x(\neg F(x,y)) \vee \exists z G(z)) \rightarrow \forall x H(x,y)$

$\Leftrightarrow \exists x \exists z(\neg F(x,y) \vee G(z)) \rightarrow \forall x H(x,y)$

$\Leftrightarrow \forall x \forall z(F(x,y) \wedge \neg G(z)) \vee \forall u H(u,y)$

$\Leftrightarrow \forall x \forall z \forall u((F(x,y) \wedge G(z)) \vee H(u,y))$;

(4) $\forall x(P(x) \rightarrow \exists y Q(x,y)) \Leftrightarrow \forall x(\neg P(x) \vee \exists y Q(x,y)) \Leftrightarrow \forall x \exists y(\neg P(x) \vee Q(x,y))$.

11. 给出下面公式的 Skolem 范式.

(1) $\neg(\forall x P(x) \rightarrow \exists y \forall z Q(y,z))$;

(2) $\forall x(\neg E(x,0) \rightarrow (\exists y(E(y,g(x)) \wedge \forall z E(z,g(x) \rightarrow E(y,z)))))$;

(3) $\neg(\forall x P(x) \rightarrow \exists y P(y))$.

分析　本题主要是根据已知的基本等值式通过消去蕴涵联结词、等价联结词,依据改名规则、代替规则进行等值演算化成前束范式,然后根据前束范式写出对应的 Skolem 范式.

解　(1) $\neg(\forall x P(x) \rightarrow \exists y \forall z Q(y,z)) \Leftrightarrow \forall x P(x) \wedge \forall y \exists z \neg Q(y,z)$

$$\Leftrightarrow \forall x \forall y \exists z(P(x) \wedge \neg Q(y,z));$$

所以所求为 $\forall x \forall y(P(x) \wedge Q(y,f(x,y)))$.

(2) 原式 $\Leftrightarrow \forall x(\neg E(x,0) \rightarrow (\exists y \forall z(E(y),g(x) \wedge E(z),g(x) \rightarrow E(y,z))))$

$\Leftrightarrow \forall x(\neg E(x,0) \rightarrow \neg(\exists y \forall z(E(y)g(x)) \wedge E(y,g(x) \vee E(y,z))))$

$\Leftrightarrow \forall x(\neg E(x,0) \rightarrow (\forall u \forall \vee \neg(E(y),g(x)) \wedge E(\vee,g(x) \vee E(y,z))))$

$\Leftrightarrow \forall x(\neg E(x,0) \rightarrow \forall u \forall \vee((\neg(E(u),g(x))) \vee (\neg E(\vee g(x))) \vee E(y,z))$

$\Leftrightarrow \forall x \forall u \forall \vee(E(x,0) \vee ((\neg E(u,g(x))) \vee (\neg E(\vee,g(x))) \vee E(y,z)))$;

(3) $\neg(\forall x P(x) \rightarrow \exists y P(y)) \Leftrightarrow \neg(\neg \forall x P(x) \vee \exists y P(y)) \Leftrightarrow \neg(\exists x \neg P(x) \vee \exists y P(y))$

$$\Leftrightarrow \neg(\exists x \exists y(\neg P(x) \vee P(y))) \Leftrightarrow \forall x \forall y(P(x) \wedge \neg P(y)).$$

12. 假设 $\exists x \forall y M(x,y)$ 是公式 G 的前束范式,其中 $M(x,y)$ 是仅仅包含变量 x,y 的母式,设 f 是不出现在 $M(x,y)$ 中的函数符号. 证明:G 恒真当且仅当 $\exists x \forall y M(x,f(x))$ 恒真.

分析　本题主要是用反证法,根据解释的定义来证明结论成立.

证明　设 $G = \exists x \forall y M(x,y)$ 恒真. 若 $\exists x M(x,f(x))$ 不真, 则存在一个解释 I, 使得对任意的 $x_0 \in D$（论域）, $M(x_0, f(x_0))$ 为假. 于是, G 在 I 下也为假. 此为矛盾.

反之, 设 $\exists x M(x,f(x))$ 恒真. 若 $\exists x \forall y M(x,y)$ 不是恒真, 则存在一个解释 I', 使得对任意 $x_i \in D$, 存在 $y_i \in D$, 使 $M(x_i, y_i)$ 为假. 由于 f 是不出现在 $M(x,y)$ 中的函数符号, 故可定义函数 $f: D \to D$, 使得 $f(x_i) = y_i$. 于是, $\exists x M(x,f(x))$ 在 I' 下为假. 矛盾.

故结论成立.

13. 证明 $(\forall x)(P(x) \to Q(x)) \wedge (\forall x)(Q(x) \to R(x)) \Rightarrow (\forall x)(P(x) \to R(x))$.

分析　本题是根据基本的等值式、蕴涵式以及 US 规则、UG 规则、ES 规则、EG 规则证明结论成立.

证明
① $(\forall x)(P(x) \to Q(x)) \wedge (\forall x)(Q(x) \to R(x))$	前提引入
② $(\forall x)(P(x) \to Q(x))$	化简①
③ $P(y) \to Q(y)$	US 规则, ②
④ $(\forall x)(Q(x) \to R(x))$	化简, ①
⑤ $Q(y) \to R(y)$	US 规则, ④
⑥ $P(y) \to R(y)$	假言三段论, ③, ⑤
⑦ $(\forall x)(P(x) \to R(x))$	ES 规则, ⑥

14. 构造下面推理的证明.

前提: $\neg \exists x(F(x) \wedge H(x))$, $\forall x(G(x) \to H(x))$

结论: $\forall x(G(x) \to \neg F(x))$

分析　本题是根据基本的等值式、蕴涵式以及 US 规则、UG 规则、ES 规则、EG 规则证明结论成立.

证明
① $\neg \exists x(F(x) \wedge H(x))$	前提引入
② $\forall x(\neg F(x) \vee \neg H(x))$	等价式, ①
③ $\forall x(H(x) \to \neg F(x))$	等值式, ②
④ $H(y) \to \neg F(y)$	US 规则, ③
⑤ $\forall x(G(x) \to H(x))$	前提引入
⑥ $G(y) \to H(y)$	US 规则, ⑤
⑦ $G(y) \to \neg F(y)$	假言三段论, ④, ⑥
⑧ $\forall x(G(x) \to \neg F(x))$	UG 规则, ⑦

15. 指出下面两个推理的错误.

(1)
① $\forall x(F(x) \to G(x))$	前提引入
② $F(y) \to G(y)$	US 规则, ①
③ $\exists x F(x)$	前提引入
④ $F(y)$	ES 规则, ③
⑤ $G(y)$	假言推理, ②, ④
⑥ $\forall x G(x)$	UG 规则, ⑤

(2)
① $\forall x \exists y(x,y)$	前提引入
② $\exists y F(z,y)$	US 规则, ①

③$F(z,c)$ ES 规则,②

④$\forall xf(x,c)$ UG 规则,③

⑤$\exists y\forall xF(x,y)$ EG 规则,④

分析 本题主要考察 US 规则、UG 规则、ES 规则、EG 规则的适用范围,也就是前提条件.

解 (1)④错误.$f(y)$中的变元 y 与②中的变元重名.

(2)③错误. 在 $\exists yF(z,y)$ 中变元并非只有 y.

16. 每个学术会的成员都是知识分子并且是专家,有些成员是青年人. 证明:有的成员是青年专家.

分析 本题主要是首先把命题符号化,符号化前提,结论. 然后根据 US 规则、UG 规则、ES 规则、EG 规则证明结论成立.

解 $P(x)$:x 是学术会的成员.

$E(x)$:x 是专家.

$G(x)$:x 是知识分子.

$Y(x)$:x 是青年人.

前提:$\forall x(P(x)\rightarrow G(x)\wedge E(x))$, $\exists x(P(x)\wedge Y(x))$

结论:$\exists x(P(x)\wedge Y(x)\wedge E(x))$

证明:①$\forall x(P(x)\rightarrow G(x)\wedge E(x))$ 前提引入

②$P(c)\rightarrow(G(x)\wedge E(c))$ US 规则,①

③$\exists x(P(x)\wedge Y(x))$ 前提引入

④$P(c)\wedge Y(c)$ ES 规则,③

⑤$P(c)$ 化简④

⑥$G(c)\wedge E(c)$ 假言推理,②,⑤

⑦$E(c)$ 化简,⑥

⑧$Y(c)$ 化简,④

⑨$P(c)\wedge Y(c)\wedge E(c)$ 合取,⑤,⑦,⑧

⑩$\exists x(P(x)\wedge Y(x)\wedge E(x))$ EG 规则

第 2 篇　图论与组合数学

第 7 章　图　与　子　图

1.举出五个日常生活中可以用图来描述的实例.

解　若 $V(G)$ 表示中国的城市集合,$E(G)$ 表示城市间的道路集合,e 表示 u 城到 v 城的道路, ψ_c 代表 $\psi_c(e)=uv$ 这种关联函数全体,则所定义的图 G 是中国的交通图.类似地可定义通信网络图、某城居民的亲属关系图、比赛中的比赛关系图、图书馆的藏书分类图等.

2.设 $G(p,q)$ 是简单二分图,求证:$q \leqslant p^2/4$

分析　简单完全二分图 $K(m,n)$ 的边数为 mn,因此对于简单二分图 $V(m,n)$ 边数 $q \leqslant mn$.

证明　设 $G(p,q)=G(V_1,V_2)$,$|V_1|=m$,$|V_2|=p-m$,不妨设 $m \leqslant p-m$.则

$$q \leqslant m(p-m)$$
$$=pm-m^2$$
$$=\frac{p^2}{4}-\left(\frac{p}{2}-m\right)^2$$

因为 $\left(\dfrac{p}{2}-m\right)^2 \geqslant 0$,所以 $q \leqslant p^2/4$.

3.设 $G(p,q)$ 是简单图,求证:$q \leqslant \dfrac{1}{2}p(p-1)$.在什么情况下,$q=\dfrac{1}{2}p(p-1)$?

分析　利用简单图 $G(p,q)$ 的边数 $q \leqslant$ 简单完全图 $G(p,q)$ 的边数即可有下述解.

解　因 $G(p,q)$ 是简单图.所以 G 中任意两个点之间最多只有一条边.故 $q \leqslant C_p^2=\dfrac{1}{2}p(p-1)$.

所以当 $G(p,q)$ 为完全图时,有 $q=\dfrac{1}{2}p(p-1)$.

4.试画出四个顶点的所有非同构的简单图.

分析　利用图的同构和无标记图的定义即可有如下解.

解　四个顶点的所有非同构的简单图共有 11 个.

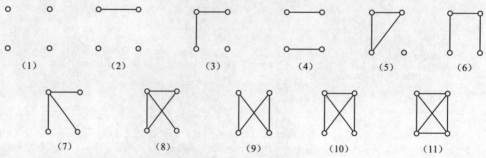

5.证明主教材图 7.14 中的两个图是同构的,主教材图 7.15 中的两个图不是同构的.试问,主

教材图 7.16 中的两个图是否同构?

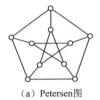

（a）Petersen图

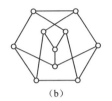

（b）

主教材图 7.14

（a）

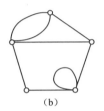

（b）

主教材图 7.15

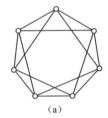

（a）

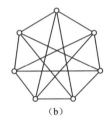

（b）

主教材图 7.16

分析　利用图同构的定义可判断.

解　(1)如下图所示,令 $\varphi(x) = x'$,其中 $x \in \{a,b,c,d,e,f,g,h,i,j\}$,$x' \in \{a',b',c',d',e',f',g',h',i',j'\}$),则可判断两图是同构的.

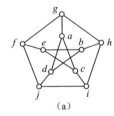

（a）

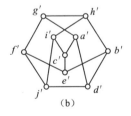

（b）

(2)如下图所示,若两图同构,则对任何双射,$\varphi(a,b,c,d,e) = (x,y,u,v,w)$,必有 $\varphi(a) = u$,于是推出 $\varphi(e) = y$,$\varphi(b) = v$,但 b 与 v 不同,所以(a)与(b)不同构.

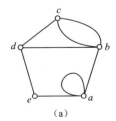

（a）

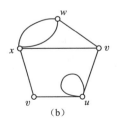

（b）

(3) 主教材图 7.16 中两个图是同构的. 如下图所示，令 $\sigma(x) = x', x \in \{a,b,c,d,e,f,g\}, x' \in \{a',b',c',d',e',f',g'\}$，则可判断两图是同构的.

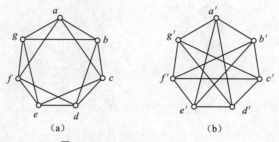

（a）   （b）

6. 设 $G(p,q)$ 是简单图，且 $G \cong \overline{G}$. 求证：$p \equiv 0$ 或 $1 (\bmod 4)$.

分析   如果两个图同构，则它们的边数应该相等；且一个图同它的补图的边的和等于完全图的边数.

证明   因为 $G \cong \overline{G}$，所以 $|E(G)| = E(\overline{G})$ 且 $|E(G)| + |E(\overline{G})| = \dfrac{1}{2}p(p-1)$.

于是 $|E(G)| = |E(\overline{G})| = \dfrac{1}{4}p(p-1)$. 显然 $|E(G)|$ 是整数. 于是 p 或 $p-1$ 是 4 的倍数.

因此，$p \equiv 0$ 或 $p \equiv 1 (\bmod 4)$.

7. 构造一个简单图 G，使得 $G \cong \overline{G}$.

分析   由第 6 题结论有 $p \equiv 0$ 或 $1 (\bmod 4)$，令 $p = 5$，可得如下得图 G 及其 G 的补图 $\overline{G}$.

解   如下图 G，令 $i' \leftrightarrow i, i = 1,2,3,4,5$，则有 $G \cong \overline{G}$.

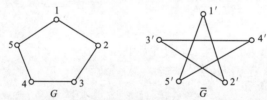

G $\overline{G}$

8. 求证：对任何图 $G(p,q)$，有 $\delta(G) \leq 2q/p \leq \Delta(G)$.

分析   利用图的最大度和最小度的概念以及图中所有顶点的度之和等于边的两倍可证.

证明   因为 $2q = \sum\limits_{i=1}^{p} d(v_i)$，而 $\delta(G) \leq d(v_i) \leq \Delta(G)$，所以

$$p \cdot \delta(G) \leq \sum_{i=1}^{p} d(v_i) \leq p \cdot \Delta(G)$$

因此

$$\delta(G) \leq \frac{1}{p}\sum_{i=1}^{p} d(v_i) \leq \Delta(G)$$

即

$$\delta(G) \leq 2q/p \leq \Delta(G)$$

9. 设 $G(p,q)$ 是简单图，$p \geq 2$，求证：G 中至少有两个顶点的度数相等.

分析   简单图是没有环和多重边的图.

证明   设 $G(p,q)$ 中任何顶点的度均不相等，则 p 个顶点的度分别为 $0,1,2,\cdots,p-1$.

(i) 设 $d(v_i) = 0$，则 $G(p,q)$ 中存在孤立点 v_i；

(ii) 设 $d(v_j) = p-1$，则 $G(p,q)$ 中无顶点 v 满足 $d(v) = 0$，此与 (i) 矛盾.

总之，0 和 $p-1$ 不能同时出现. 由抽屉原理知，必有 $v_i, v_j \in V(G), i \neq j$，使 $d(v_i) = d(v_j)$.

10. 求证:在图 $G(p,p+1)$ 中,至少有一个顶点 v,满足 $d(v)\geq 3$.

分析　利用图中所有顶点的度之和等于边的两倍可证.

证明　若对任意 $v\in v(G)$,均有 $d(v)\leq 2$,则有 $2(p+1)=2q=\sum\limits_{i=1}^{p}d(v_i)\leq 2p$,即 $2(p+1)\leq 2p$,也即 $p+1\leq p$. 从而 $1\leq 0$,矛盾. 故存在 $v\in v(G)$,使 $d(v)\geq 3$.

11. 求证:在任何有 $n(n\geq 2)$ 个人的人群中,至少有两个在其中恰有相同个数的朋友.

分析　作一个 n 阶简单图 G,n 个顶点分别表示 n 个人. 两个人是朋友当且仅当表示这两个人的顶点邻接. 这样,问题就转化成 G 中至少有两个顶点的度数相等. 此结论题 9 已证.

12. 求证:每一个 p 阶简单图 G 都与 K_p 的子图同构.

证明　因任何一个 p 阶简单图 $G\leq k_p$. 又 $G\cong G$. 故结论成立.

13. 求证:任何完全图的每个点导出子图仍是完全图.

证明　由点导出子图的定义及完全图的结构即知结论成立.

14. 求证:二分图的每个顶点数不小于 2 的子图仍是二分图.

分析　利用二分图及子图的概念可证.

证明　设 $G=G(V_1,V_2)$,$H\leq G$,且 $|V(H)|\geq 2$.

令 $V_1'=\{u\in V(H)\mid u\in V_1\}$,$V_2'=\{v\in V(H)\mid v\in V_2\}$. 显然,$V(H)=V_1'\cup V_2'$,且 $V_1'\cap V_2'=\varnothing$. 因此,$H=H(V_1'\cup V_2')$.

15. 设 $G(p,q)$ 是简单图,整数 n 满足 $1<n<p-1$,求证:若 $p\geq 4$,且 G 的所有 n 个顶点的导出子图均有相同的边数,则 $G\cong K_p$ 或 $G\cong \overline{K_p}$.

分析　利用点导出子图和图同构的概念即可证明.

证明　若 $G\cong K_p$ 和 $G\cong \overline{K_p}$ 均不成立,则存在 $u,v,w,x\in V(G)$,使得 u 与 v 邻接,而 w 与 x 不邻接. 于是取 $n=2$,则 $G[\{u,v\}]$ 与 $G[\{w,x\}]$ 边数不相同,矛盾. 故 $G\cong K_p$ 或 $G\cong \overline{K_p}$.

16. 设 $G(p,q)$ 是连通图,求证:

(1) G 至少有 $p-1$ 条边;

(2) 若 $q>p-1$,则 G 中必含回路;

(3) 若 $q=p-1$,则 G 中至少有两个悬挂点.

分析　利用连通图及连通分支和回路的概念可证.

证明　(1) 对 p 用归纳法.

$p=1$ 时,显然成立.

假设对于小于 p 的自然数,结论成立.

在 p 阶连通图中任取一个顶点 v. 设 $G-v$ 共有 k 上分支,且每个分支有 p_i 个顶点,$p_i<p$,$i=1$,$2,\cdots,k$. 于是 $G[V_i]$ 至少有 p_i-1 条边,$i=1,2,\cdots,k$,从而 $G-V$ 至少有 $(p-1)-k$ 条边. 故 G 至少有 $(p-1)$ 条边.

(2) 设 $q>p-1$. 若 G 不含回路,则必有 $v_1\in V(G)$ 满足 $d(v_1)=1$. 于是 $G_1=G-v_1$ 仍连通且无回路,而 $G-v_1$ 恰有 $q-1$ 条边. 如此下去,$G_{p-1}=G-\{v_1,v_2,\cdots,v_{p-1}\}$ 连通无回路且 G_{p-1} 恰含 $q-(p-1)$ 条边,一个顶点 v_p,此时 G_{p-1} 是一个平凡图. 从而 $q-(p-1)=0$,即 $q=p-1$. 此与 $q>p-1$ 矛盾. 故 G 必含回路.

(3)设 $q = p - 1$，若对任何 $v \in V(G)$，均有 $d(v) \geq 2$，则 $2q = \sum_{i=1}^{p} d(v_i) \geq 2p$，即 $q \geq p$. 此与 $q = p -$ 1 矛盾. 故 G 中至少有一个悬挂点. 又若 G 中最多只有一个悬挂点，则 $2q = \sum_{i=1}^{p} d(v_i) \geq 1 + 2(p-1) =$ $2p - 1$，即 $2q = 2(p-1) = 2p - 2 \geq 2p - 1$. 从而得出 $1 \geq 2$（矛盾）. 故 G 中至少有两个悬挂点.

17. 求证：若边 e 在图 G 的一条闭链中，则 e 必在 G 的一条回路中.

证明 设 $e = v_1 v_2$，G 中含 e 的闭链为 $E = v_1 v_2 \cdots v_l v_1$.

若 E 不是回路，则必有 $v_i = v_j$，$2 \leq i \leq j \leq l$. 从 E 中去掉 $v_{i+1} \cdots v_j$，得到的 $v_1 v_2 \cdots v_i v_{j+1} \cdots v_l v_1$ 仍为闭链. 如此下去，就可得到含 $e = v_1 v_2$ 的回路.

18. 求证：对于图 $G(p,q)$，若 $\delta(G) \geq 2$，则 G 必含回路.

证明 因为 $\delta(G) \geq 2$，所以 G 中无悬挂点. 任取 $v_0 \in v(G)$，设 v_1 与 v_0 邻接. 如此下去，可得 G 中的一条链 $v_0 v_1 v_2 \cdots v_p$. 又因 G 是有限图，故此链上必有回路.

19. 设 $G(p,q)$ 是简单图，且 $q > C_{p-1}^2$，求证：G 是连通图.

分析 连通图的边数应不超过完全图的边数.

证明 若 G 不连通，则可将 $V(G)$ 划分成 V_1，V_2，使得 V_1 中的顶点与 V_2 中的顶点不邻接. 令 $|V_1| = p_1$，$|V_2| = p_2$，于是，$p = p_1 + p_2$，且

$$q \leq C_{p_1}^2 + C_{p_2}^2 = \frac{p_1(p_1-1)}{2} + \frac{p_2(p_2-1)}{2}$$

$$= \frac{p_1(p_1-1) + p_2(p_2-1)}{2} \quad (\text{因 } p_i - 1 \geq 0, i = 1,2)$$

$$\leq \frac{(p_1 + p_2 - 1)(p_1 - 1) + (p_1 + p_2 - 1)(p_2 - 1)}{2}$$

$$= \frac{(p_1 + p_2 - 1)(p_1 + p_2 - 2)}{2}$$

$$= \frac{(p-1)(p-2)}{2}$$

$$= C_{p-1}^2$$

因此，$q \leq C_{p-1}^2$（矛盾）. 故 G 连通.

另解：考虑 $\overline{G}(p,q')$. 则有

$$q' = \frac{p(p-1)}{2} - q < \frac{p(p-1)}{2} - C_{p-1}^2 = p - 1$$

即 $\overline{G}$ 不连通，于是 G 连通.

20. 对于 $p > 1$，作一个 $q = C_{p-1}^2$ 的非连通图 $G(p,q)$.

解 令 $p = 3$，$q = C_2^2 = 1$. 作 $G(p,q)$ 如下图所示，故 G 不连通.

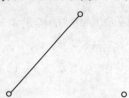

21. 证明:若 $G(p,q)$ 是简单图且 $\delta(G)>\lfloor p/2 \rfloor -1$,则 G 连通. 当 p 为偶数时,作一个非连通的 k-正则简单图,其中 $k=\lfloor p/2 \rfloor -1$.

分析　图 $G(p,q)$ 的最大度应该不超过具有 p 个顶点的完全图的最大度 $p-1$.

证明　设 $\delta(G)>\lfloor p/2 \rfloor -1$. 若 G 不连通,则 G 的顶点可划分成两个集合 V_1,V_2,使得 V_1 与 V_2 中的顶点互不邻接.

不妨设 $|V_1| \leqslant |V_2|$,则 $|V_1| \leqslant \left\lfloor \dfrac{p}{2} \right\rfloor$. 由 G 是简单图知,

$$\delta(G[V_1]) \leqslant \Delta(G[V_1]) \leqslant \left\lfloor \frac{p}{2} \right\rfloor -1$$

从而　$\delta(G) \leqslant \left\lfloor \dfrac{p}{2} \right\rfloor -1$,矛盾. 故 G 必连通.

取 $p=6$. 则 $k=\lfloor 6/2 \rfloor -1=2$. 作非连通图 G 如右图所示.

22. 证明:若 $e\in E(G)$,则 $w(G) \leqslant (G-e) \leqslant w(G)+1$.

证明　因 G 的任意一条边 e 最多连接 $G-e$ 的两个分支,故
$$w(G) \leqslant w(G-e) \leqslant w(G)+1$$

23. 证明:对图 G 中任意三个顶点 u,v 和 $w,d(u,v)+d(v,w) \geqslant d(u,w)$.

证明　若 $d(u,v)+d(v,w)<d(u,w)$,则与距离的概念不符. 故结论成立.

24. 设 G 是简单连通的非完全图,求证:G 中存在三个顶点 u,v 和 w,使 $uv,vw\in E(G)$,但 $uw\notin E(G)$.

分析　利用完全图中任意两个顶点都邻接的性质可证.

证明　(反证法)

若不然,即对任意的 $u,v,w\in V(G)$,只要 $uv,vw\in E(G)$,就有 $uw\in E(G)$,也即
$$uv\in E(G) \text{且} vw\in E(G) \Rightarrow uw\in E(G) \qquad ①$$

今任取 $v_i,v_j\in V(G)$. 由 G 连通知,存在 (v_i,v_j)-通路
$$P=v_i v_{i_1} v_{i_2} \cdots v_{i_k} v_j \quad (k\geqslant 1).$$

于是由①可知
$$v_i v_{i_1} \in E(G) \text{且} v_{i_1} v_{i_2} \in E(G) \Rightarrow v_i v_{i_2} \in E(G)$$

$$v_i v_{i_2} \in E(G) \text{且} v_{i_2} v_{i_3} \in E(G) \Rightarrow v_i v_{i_3} \in E(G)$$

$$\vdots$$

$$v_i v_{i_k} \in E(G) \text{且} v_{i_k} v_j \in E(G) \Rightarrow v_i v_j \in E(G)$$

从而推得简单图 G 中任何两个顶点均邻接,即 G 是一个完全图. 此与题设矛盾.

25. 证明:若 G 是简单图,且 $\delta(G) \geqslant 2$,则 G 中有一条长度至少是 $\delta(G)+1$ 的回路.

分析　利用图中极长通路的性质可证.

证明　不妨设 $G(p,q)$ 连通(否则可对其分支进行讨论). 于是 $p\geqslant \delta+1$,即 G 中至少有 $\delta+1$ 个顶点. 设 $P=v_1 v_2 \cdots v_k v_{k+1}$ 是 G 中的一条极长通路,则 v_1 不与 P 以外的任何顶点邻接. 又因 $d(v_1) \geqslant \delta \geqslant 2$,所以存在 P 上的 δ 个顶点 $v_{i_1}=v_2,v_{i_2},\cdots,v_{i_\delta}$ 均与 v_1 邻接. 于是有回路 $C=v_1 v_2 \cdots v_{i_2} \cdots v_{i_3} \cdots v_{i_\delta} v_1$,显然,$|C| \geqslant \delta(G)+1$.

26. 求主教材图 7.17 的关联矩阵和邻接矩阵.

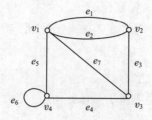

主教材图 7.17

解　关联矩阵为 $M(G) = $

$$
\begin{array}{c} \\ v_1 \\ v_2 \\ v_3 \\ v_4 \end{array}
\begin{array}{c} \begin{array}{cccccccc} e_1 & e_2 & e_3 & e_4 & e_5 & e_6 & e_7 \end{array} \\
\begin{pmatrix}
1 & 1 & 0 & 0 & 1 & 0 & 1 \\
1 & 1 & 1 & 0 & 0 & 0 & 0 \\
0 & 0 & 1 & 1 & 0 & 0 & 1 \\
0 & 0 & 0 & 1 & 1 & 2 & 0
\end{pmatrix}
\end{array}
$$

邻接矩阵为 $A(G) = $

$$
\begin{array}{c} \\ v_1 \\ v_2 \\ v_3 \\ v_4 \end{array}
\begin{array}{c} \begin{array}{cccc} v_1 & v_2 & v_3 & v_4 \end{array} \\
\begin{pmatrix}
0 & 2 & 1 & 1 \\
2 & 0 & 1 & 0 \\
1 & 1 & 0 & 1 \\
1 & 0 & 1 & 2
\end{pmatrix}
\end{array}
$$

27. 设 G 是一个图，$M(G)$ 和 $A(G)$ 分别是 G 的关联矩阵和邻接矩阵.

(1)求证：$M(G)$ 中每列各元素之和为 2.

(2)$A(G)$ 的各列元素之和是什么?

解　(1)因每条边 $e = uv$ 恰与两个端点 u,v 关联.

(2)若 v_i 上无环，则 v_i 所在列(行)各元素之和为 $d(v_i)$，否则，v_i 所在列(行)各元素之和为 $d(v_i) - 1$.

28. 设 G 是二分图，求证：可以将 G 的顶点和适当排列，使得 G 的邻接矩阵 $A(G)$ 形如

$$
A(G) = \begin{pmatrix} O & A_{12} \\ A_{21} & O \end{pmatrix}
$$

其中，A_{21} 是 A_{12} 的转置.

解　因为 G 是二分图，所以 G 中无环，设 $G = G(V_1, V_2)$.

令 $V_1 = \{v_{i_1}, v_{i_2}, \cdots, v_{i_m}\}$，$V_2 = \{V_{i_{m+1}}, \cdots, V_{i_p}\}$，则

$$
M(G) = \begin{pmatrix} O & A_{12} \\ A_{21} & O \end{pmatrix}
$$

其中

$$
A_{12} = (a_{ij})_{(p-1) \times (p-1)}, \quad 1 \leqslant i < j \leqslant p-1;
$$
$$
A_{21} = (a_{ji})_{(p-1) \times (p-1)}, \quad 1 \leqslant i < j \leqslant p-1,
$$

且 $a_{ij} = a_{ji}$.

29. 设 G 是一个图，$V' \subseteq V(G)$，$E' \subseteq E(G)$.

(1)如何从 $M(G)$ 得到 $M(G-E')$ 和 $M(G-V')$?

（2）如何从 $A(G)$ 得到 $A(G-V')$？

解 （1）对每个 $e'\in E'$，将 $M(G)$ 中 e' 所在列的元素全置为 0，则得 $M(G-E')$；

（2）对每个 $v'\in V'$，将 $M(G)$ 中 v' 所在行的元素全量为 0，则得到 $M(G-E')$.

30. 在主教材图 7.18 中，找出 u_1 到各个顶点的最短通路长度，并给出从 u_1 到 u_{11} 的最短通路.

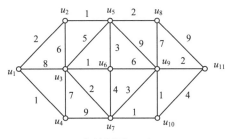

主教材图 7.18

解

迭代	S	W	$D[2]$	$D[3]$	$D[4]$	$D[5]$	$D[6]$	$D[7]$	$D[8]$	$D[9]$	$D[10]$	$D[11]$
初始	$\{1\}$	—	2	8	1	∞	∞	∞	∞	∞	∞	∞
1	$\{1,4\}$	4	2	8	1	∞	∞	10	∞	∞	∞	∞
2	$\{1,4,2\}$	2		8		3	∞	10	∞	∞	∞	∞
3	$\{1,4,2,5\}$	5		8			6	10	5	12	∞	∞
4	$\{1,4,2,5,8\}$	8		8			6	10		12	∞	14
5	$\{1,4,2,5,8,6\}$	6		7				10		12	∞	14
6	$\{1,4,2,5,8,6,3\}$	3						9		12	∞	14
7	$\{1,4,2,5,8,6,3,7\}$	7								12	10	14
8	$S\cup\{10\}$	10								11		14
9	$S\cup\{9\}$	9										13

最后得 $D[2]=2,D[3]=7,D[4]=1,D[5]=3,D[6]=6,D[7]=9,D[8]=5,D[9]=11,D[10]=10,D[11]=13$.

其中 u_1 到 u_{11} 的最短通路为

$$u_1\rightarrow u_2\rightarrow u_5\rightarrow u_6\rightarrow u_3\rightarrow u_7\rightarrow u_{10}\rightarrow u_9\rightarrow u_{11}$$

i	2	3	4	5	6	7	8	9	10	11
$P[i]$	1	6	1	2	5	3	5	10	7	9

31. 求主教材图 7.19 所示的图 G 中任意两个顶点的最短通路长度，并给出从 v_1 到 v_3 的最短通路.

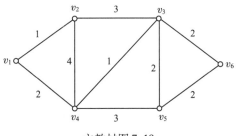

主教材图 7.19

解 $A^{(0)} = \begin{pmatrix} 0 & 1 & \infty & 2 & \infty & \infty \\ 1 & 0 & 3 & 4 & \infty & \infty \\ \infty & 3 & 0 & 1 & 2 & 2 \\ 2 & 4 & 1 & 0 & 3 & \infty \\ \infty & \infty & 2 & 3 & 0 & 2 \\ \infty & \infty & 2 & \infty & 2 & 0 \end{pmatrix}$

$A^{(1)} = \begin{pmatrix} 0 & 1 & \infty & 2 & \infty & \infty \\ 1 & 0 & 3 & 3 & \infty & \infty \\ \infty & 3 & 0 & 1 & 2 & 2 \\ 2 & 3 & 1 & 0 & 3 & \infty \\ \infty & \infty & 2 & 3 & 0 & 2 \\ \infty & \infty & 2 & \infty & 2 & 0 \end{pmatrix}$
$\qquad A^{(2)} = \begin{pmatrix} 0 & 1 & 4 & 2 & \infty & \infty \\ 1 & 0 & 3 & 3 & \infty & \infty \\ 4 & 3 & 0 & 1 & 2 & 2 \\ 2 & 3 & 1 & 0 & 3 & \infty \\ \infty & \infty & 2 & 3 & 0 & 2 \\ \infty & \infty & 2 & \infty & 2 & 0 \end{pmatrix}$

$A^{(3)} = \begin{pmatrix} 0 & 1 & 4 & 2 & 6 & 6 \\ 1 & 0 & 3 & 3 & 5 & 5 \\ 4 & 3 & 0 & 1 & 2 & 2 \\ 2 & 3 & 1 & 0 & 3 & 3 \\ 6 & 5 & 2 & 3 & 0 & 2 \\ 6 & 5 & 2 & 3 & 2 & 0 \end{pmatrix}$
$\qquad A^{(4)} = \begin{pmatrix} 0 & 1 & 3 & 2 & 5 & 5 \\ 1 & 0 & 3 & 3 & 5 & 5 \\ 3 & 3 & 0 & 1 & 2 & 2 \\ 2 & 3 & 1 & 0 & 3 & 3 \\ 5 & 5 & 2 & 3 & 0 & 2 \\ 5 & 5 & 2 & 3 & 2 & 0 \end{pmatrix}$

$A^{(5)} = \begin{pmatrix} 0 & 1 & 3 & 2 & 5 & 5 \\ 1 & 0 & 3 & 3 & 5 & 5 \\ 3 & 3 & 0 & 1 & 2 & 2 \\ 2 & 3 & 1 & 0 & 3 & 3 \\ 5 & 5 & 2 & 3 & 0 & 2 \\ 5 & 5 & 2 & 3 & 2 & 0 \end{pmatrix}$
$\qquad A^{(6)} = \begin{pmatrix} 0 & 1 & 3 & 2 & 5 & 5 \\ 1 & 0 & 3 & 3 & 5 & 5 \\ 2 & 3 & 0 & 1 & 2 & 2 \\ 2 & 3 & 1 & 0 & 3 & 3 \\ 5 & 5 & 2 & 3 & 0 & 2 \\ 5 & 5 & 2 & 3 & 2 & 0 \end{pmatrix}$

其中 v_1 到 v_3 的最短通路为 $v_1 \rightarrow v_4 \rightarrow v_3$.

第8章 树

1. 设 G 是一个无回路的图,求证:若 G 中任意两个顶点间有唯一的通路,则 G 是树.

证明 由假设知,G 是一个无回路的连通图,故 G 是树.

2. 证明:非平凡树的最长通路的起点和终点均为悬挂点.

分析 利用最长通路的性质可证.

证明 设 P 是树 T 中的极长通路.若 P 的起点 v 满足 $d(v) > 1$,则 P 不是 T 中极长的通路.对终点 u 也可同理讨论.故结论成立.

3. 证明:恰有两个悬挂点的树是一条通路.

分析 因为树是连通没有回路的,所以树中至少存在一条通路 P.因此只需证明恰有两个悬挂点的树中的所有的点都在这条通路 P 中即可.

证明 设 u,v 是树 T 中的两个悬挂点,即 $d(u) = d(v) = 1$.因 T 是树,所以存在 (u,v)-通路 $P:uw_1\cdots w_k v,k \geq 0$.显然,$d(w_i) \geq 2$.若 $d(w_i) > 2$,则由 T 恰有两个悬挂点的假设,可知 T 中有回路;若 T 中还有顶点 x 不在 P 中,则存在 (u,x)-通路,显然 u 与 x 不邻接,且 $d(x) \geq 2$.于是,可推得 T 中有回路,矛盾.故结论成立.

4. 设 G 是树,$\Delta(G) \geq k$,求证:G 中至少有 k 个悬挂点.

分析 由于 $\Delta(G) \geq k$,所以 G 中至少存在一个顶点 v 的度大于等于 k,于是至少有 k 个顶点与 v 邻接.又 G 是树,所以 G 中没有回路,因此与 v 邻接的点往外延伸出去的分支中,每个分支的最后一个顶点必定是一个悬挂点,因此 G 中至少有 k 个悬挂点.

证明 设 $u \in V(G)$,且 $d(u) = m \geq k$.于是,存在 $v_1,v_2,\cdots,v_m \in V(G)$,使 $uv_i \in E(G)$,$i = 1,2,\cdots,m$.注意到树是无回路的连通图,若 v_i 不是悬挂点,则有 $v_i^{(1)} \in V(G)$,使 $v_i v_i^{(1)} \in E(G)$.如此下去,有 $v_i^{(l)} \in V(G)$,满足 $v_i^{(l)} \neq v_j$,$i \neq j, j = 1,2,\cdots,m,l \geq 1$,且 $d(v_i^{(l)}) = 1$,$i = 1,2,\cdots,m$.故 G 中至少有 k 个悬挂点.

5. 设 $G(p,q)$ 是一个图,求证:若 $q \geq p$,则 G 中必含回路.

分析 利用树是没有回路且连通的图,且树中的顶点数和边数的关系可证.

证明 设 $G(p,q)$ 有 k 个分支:$G[V_1] = G_1(p_1,q_1)$,$G[V_2] = G_2(p_2,q_2)$,$\cdots$,$G[V_k] = G_k(p_k,q_k)$.显然,$p = p_1 + p_2 + \cdots + p_k$,$q = q_1 + q_2 + \cdots + q_k$.若 G 无回路,则每个 $G_i(p_i,q_i)$ 均是树,$i = 1,2,\cdots,k$.于是 $q_i = p_i - 1$,$i = 1,2,\cdots,k$.从而 $q = p - k < p,k \geq 1$,即 $q < p$.此为矛盾,故 G 必含回路.

6. 设 $G(p,q)$ 是有 k 个连通分支的图,求证:G 是森林当且仅当 $q = p - k$.

证明 见第5题的证明.

7. 画出 K_4 的所有16棵生成树.

解 K_4 的所有16棵生成树如下图所示.

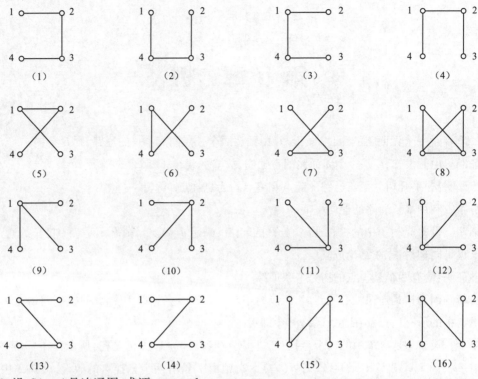

8. 设 $G(p,q)$ 是连通图,求证:$q \geqslant p-1$.

分析　树应该是具有 p 个顶点中边数最少的连通图,而树中的边数 $q=p-1$ 可证.

证明　设 G 是连通图.若 G 无回路,则 G 是树,于是 $q=p-1$.若 G 有回路,则删去 G 中 $k>0$ 条边使之保持连通且无回路.于是 $q-k=p-1$,即 $q=p-1+k>p-1$.

9. 递推计算 $K_{2,3}$ 的生成树数目.

解

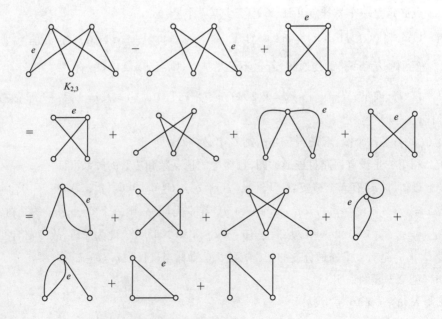

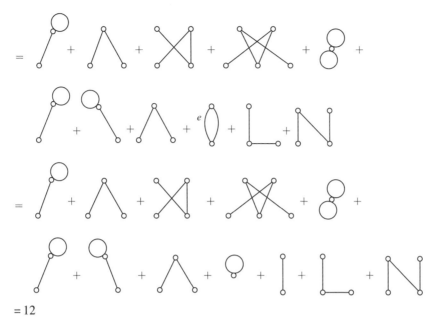

$$= 12$$

10. 通过考虑树中的最长通路, 直接验证有标记的 5 个顶点的树的总数为 125.

分析 设树中 5 个顶点的标记分别为 1, 2, 3, 4, 5. 而 5 个顶点的树的最长通路只能是 4、3、2, 如下 (1)(2)(3) 所示.

(1) 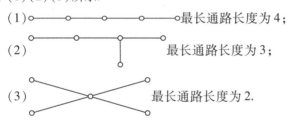 最长通路长度为 4;

(2) 最长通路长度为 3;

(3) 最长通路长度为 2.

对于 (1), 把每个顶点看作一个空, 不同的顶点序列对应不同的树, 但由于对称性 12345 和 54321 所形成的树应该是同一棵树, 因此这种情况下所有有标记的树的数目为 $5! \, / 2 = 60$ 个.

对于 (2), 把上面 4 个顶点分别看作一个空, 在构造树的时候可以先构造这四个顶点, 剩下的一个顶点只能放在下面, 选择上面 4 个顶点的数目应为可以从所有有标记的树的数目为 $\mathrm{C}_5^4 \cdot 4!$, 但同样由对称性, 如 1234 这样的排列和顶点 5 构成的树与 1235 这样的排列和 4 构成的数是一样的. 因此这种情况下所有有标记的树的数目为 $\mathrm{C}_5^4 \cdot 4! \, / 2 = 60$ 个.

对于 (3), 只要确定了中间度为 4 的顶点, 这棵树就构造完了, 所有这种情况下有标记的树的数目为 $\mathrm{C}_5^1 = 5$ 个.

解 有标记的 5 个顶点的树的总数为 $60 + 60 + 5 = 125$ 个.

11. 用 $T(n)$ 表示 n 个顶点的有标记树的个数, 求证:

$$2(n-1)T(n) = \sum_{k=1}^{n-1} k(n-k)T(k)T(n-k)\mathrm{C}_n^k$$

由此得恒等式

$$\sum_{k=1}^{n-1} k^{k-1}(n-k)^{n-k-1}\mathrm{C}_n^k = 2(n-1)n^{n-2}$$

分析 每个 n 阶树可由下面的方法构造出来: 先从这 n 个顶点中任取 k 个顶点构造出一个 k

阶树,对剩下的 $n-k$ 个顶点构造出一个 $n-k$ 阶树,再将这两个树合并成一个树,显然这样得到的树是一个 n 阶的树. 又由主教材定理 8.2.4 有 i 个顶点的无标记的生成树共有 i^{i-2} 个,可得下面的证明.

证明 任取 k 个顶点的一棵 k 阶树与 $(n-k)$ 个顶点构成的 $n-k$ 阶树之间连接两点就是一棵 n 阶树,这里有 $k(n-k)$ 种连接. 并注意到一来一往每条边用了两次,因此, $k(n-k)T(k)T(n-k)C_n^k = 2T(n)$. 上式两边对 k 从 1 到 $n-1$ 求和,得 $2(n-1)T(n) = \sum_{k=1}^{n-1} k(n-k)T(k)T(n-k)C_n^k$. 再将 $T(n) = n^{n-2}, T(k) = k^{k-2}, T(n-k) = (n-k)^{n-k-2}$ 代入上式便可得恒等式

$$\sum_{k=1}^{n-1} k^{k-1}(n-k)^{n-k-1}C_n^k = 2(n-1)n^{n-2}$$

12. 如何用 Kruskal 算法求赋权连通图的权最大的生成树(称为最大树)?

解 将 Kruskal 算法中的"小"改成"大"即可得到"最大树".

13. 设 G 是一个赋权连通图, $V(G) = \{1,2,\cdots,n\}, n \geq 2$. 求证:按下列步骤(Prim 算法)可以得出 G 的一个最优树.

(i)置 $U := \{1\}, T := \varnothing$;

(ii)选取满足条件 $i \in U, j \in V(G) - U$ 且 $C(i,j)$ 最小的 (i,j);

(iii) $T := T \cup \{i,j\}, U := U \cup \{j\}$;

(iv)若 $U \neq V(G)$ 则转(ii),否则停止, T 中的边就是最优树的边.

解 设 T^* 是按 Prim 算法得出的图. 由 Prim 算法的初值及终止条件,可知 T^* 连通,且 T^* 为 G 的生成子图. 又由(ii)知 T^* 无回路. 故 T^* 是生成树.

设 $T(G) = \{T \mid T$ 是 G 的生成树, $T \neq T^* \}$,仿主教材定理 8.3.1 的证明,可证结论成立.

14. 按第 13 题的 Prim 算法,求出主教材图 8.9 的最优树.

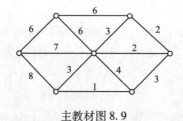

主教材图 8.9

解 最优树如下所示(权为 20).

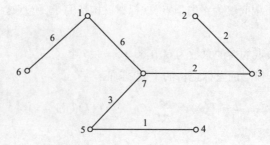

第 9 章　图的连通性

1. 对主教材图 9.7 中的两个图,各作出两个顶点割.

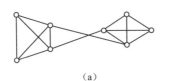

(a)　　　　　　　　(b)

主教材图 9.7

解　对主教材图 9.7 增加加节点标记,如下图所示. 则(a)的两个顶点割为:$V_{11} = \{a, b\}$; $V_{12} = \{c, d\}$. (b)的两个顶点割为:$V_{21} = \{u, v\}$;$V_{12} = \{y\}$.

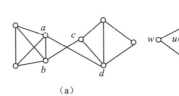

(a)　　　　　　　　(b)

2. 求主教材图 9.7 中两个图的 $\kappa(G)$ 和 $\lambda(G)$.

解　如上图所示,有 $\kappa(G_1) = \lambda(G_1) = 2$,$\kappa(G_2) = 1$,$\lambda(G_2) = 2$.

3. 试作出一个连通图 G,使之满足 $\kappa(G) = \lambda(G) = \delta(G)$.

解　做连通图 G 如下,于是有 $\kappa(G) = \lambda(G) = \delta(G)$.

4. 求证:若 $G(p, q)$ 是 k-边连通的,则 $q \geqslant \dfrac{kp}{2}$.

证明　设 G 是 k-边连通的,由定义有 $\lambda(G) \geqslant k$. 又由主教材定理 9.1.2 知 $\lambda(G) \leqslant \left\lfloor \dfrac{2q}{p} \right\rfloor$,因此

有 $k \leqslant \lambda(G) \leqslant \left\lfloor \dfrac{2q}{p} \right\rfloor \leqslant \dfrac{2q}{p}$,即 $k \leqslant \dfrac{2q}{p}$,从而 $q \geqslant \dfrac{kp}{2}$.

5. 求证:若 G 是 p 阶简单图,且 $\delta(G) \geqslant p - 2$,则 $\kappa(G) = \delta(G)$.

分析　由 G 是简单图,且 $\delta(G) \geqslant p - 2$,可知 G 中的 $\delta(G)$ 只能等于 $p - 1$ 或 $p - 2$;

如 $\delta(G) = p - 1$,则 G 是一个完全图,根据书中规定,有 $\kappa(G) = p - 1 = \delta(G)$;

如 $\delta(G) = p - 2$,则从 G 中任取 $V(G)$ 的子集 V_1,其中 $|V_1| = 3$,则 $V(G) - V_1$ 的点导出子图是连通的,否则在 V_1 中存在一个顶点 v,与其他两个顶点都不连通. 则在 G 中,顶点 v 最多与 G 中其他 $p - 3$ 个顶点邻接,所以 $d(v) \leqslant p - 3$,与 $\delta(G) = p - 2$ 矛盾. 这说明了在 G 中,去掉任意 $p - 3$ 个顶点后 G 还是连通的,按照点连通度的定义有 $\kappa(G) > k - 3$,又根据主教材定理 9.1.1,$\kappa(G) \leqslant \delta(G)$,有 $\kappa(G) = k - 2$.

证明　因为 G 是简单图，所以 $d(v) \leq p-1, v \in V(G)$，已知 $\delta(G) \geq p-2$.

（i）若 $\delta(G) = p-1$，则 $G = K_p$（完全图），故 $k(G) = p-1 = \delta(G)$.

（ii）若 $\delta(G) = p-2$，则 $G \neq K_p$，设 u, v 不邻接，但对任意的 $w \in V(G)$，有 $uw, vw \in E(G)$. 于是，对任意的 $V_1 \subseteq V(G)$，$|V_1| = p-3$，$G - V_1$ 必连通.

因此必有 $k(G) \geq p-2 = \delta(G)$，但 $k(G) \leq \delta(G)$.

故 $k(G) = \delta(G)$.

6. 找出一个 p 阶简单图，使 $\delta(G) = p-3$，但 $\kappa(G) < \delta(G)$.

解　如下图 G，$p = 5$，$\delta(G) = 2 = p-3$，$\kappa(G) = 1 < \delta(G)$.

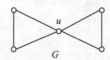

7. 设 G 为 3-正则简单图，求证 $\kappa(G) = \lambda(G)$.

分析　G 是一个 3-正则简单图，所以 $\delta(G) = 3$，根据主教材定理 9.1.1 有 $\kappa(G) \leq \lambda(G) \leq \delta(G)$，所以 $\kappa(G)$ 只能等于 $0, 1, 2, 3$ 这四种情况. 下面的证明中分别讨论了这四种情况下 $\kappa(G)$ 和 $\lambda(G)$ 的关系.

证明　（i）若 $\kappa(G) = 0$，则 G 不连通，所以 $\lambda(G) = K(G)$.

（ii）设 $\kappa(G) = 1$，且 u 是 G 中的一个割点，$G - u$ 不连通，由于 $d(u) = 3$，从而至少存在一个分支仅一边与 u 相连，显然这边是 G 的割边，故 $\lambda(G) = 1$，所以 $\lambda(G) = \kappa(G)$.

（iii）设 $\kappa(G) = 2$，且 $\{v_1, v_2\}$ 为 G 的一个顶点割. $G_1 = G - v_1$ 连通，则 v_2 是 G_1 的割点且 v_2 在 G_1 中的度小于等于 3，类似于（ii）知在 G_1 中存在一割边 e_2（关联 v_2）使得 $G_1 - e_2$ 不连通. 另外，由于 $\lambda(G) \geq \kappa(G) = 2$ 故 $G - e_2$ 连通. 由于 $G_1 - e_2 = (G - e_2) - v_1$，故 v_1 是 $G - e_2$ 的割点，且 v_1 在 $G - e_2$ 中的度小于等于 3，于是类似于（ii）知，在 $G - e_2$ 中存在一割边 e_1，即 $(G - e_2) - e_1 = G - \{e_1, e_2\}$ 不连通，故 $\lambda(G) = 2$. 所以 $\lambda(G) = \kappa(G)$.

（iv）设 $\kappa(G) = 3$，于是有 $3 = \kappa(G) \leq \lambda(G) \leq \delta(G) = 3$，知 $\kappa(G) = \lambda(G) = 3$.

8. 证明：一个图 G 是 2-边连通的当且仅当 G 的任意两个顶点由至少两条边不重的通路所连通.

分析　这个题的证明关键是理解 2-边连通的定义.

证明　必要性. 因为 G 是 2-边连通的，所以 G 没有割边. 设 u, v 是 G 中任意两个顶点，由 G 的连通性知 u, v 之间存在一条路径 P_1，若还存在从 u 到 v 的与 P_1 边不重的路径 P_2，设 $C = P_1 \cup P_2$，则 C 中含 u, v 的回路，若从 u 到 v 的任意另外路径和 P_1 都有一条（或几条）公共边，也就是存在边 e 在从 u 到 v 的任何路径中，则从 G 中删除 e，G 就不连通了，于是 e 成了 G 中一割边，矛盾.

充分性. 假设 G 不是一个 2-边连通的，则 G 中有割边，设 $e = (u, v)$ 为 G 中一割边，由已知条件可知，u 与 v 处于同一简单回路 C 中，于是 e 处在 C 中，因而从 G 中删除 e 后 G 仍然连通，这与 G 中无割边矛盾.

9. 举例说明：若在 2-连通图 G 中，P 是一条 (u, v)-通路，则 G 不一定包含一条与 P 内部不相交的 (u, v)-通路 Q.

解　如右图 G，易知 G 是 2-连通的，若取 P 为 uv_1v_2v，则 G 中不存在 Q 了.

10. 证明：若 G 中无长度为偶数的回路，则 G 的每个块或者是 K_2，或者是长度为奇数的回路.

分析 块是 G 的一个连通的极大不可分子图,按照不可分图的定义,有 G 的每个块应该是没有割点的. 因此,如果能证明 G 的某个块如果既不是 K_2,也不是长度为奇数的回路,再由已知条件 G 中无长度为偶数的回路,则可得出 G 的这个块肯定存在割点,则可导出矛盾. 本题使用反证法.

证明 设 K 是 G 的一个块,若 k 既不是 K_2 也不是奇回路,则 k 至少有三个顶点,且存在割边 $e = uv$,于是 u,v 中必有一个是割点,此与 k 是块相矛盾.

11. 证明:不是块的连通图 G 至少有两个块,其中每个块恰含一个割点.

分析 一个图不是块,按照块的定义,这个图肯定含有割点 v,对图分块的时候也应该以割点为标准进行,而且分得的块中必定含这个割点,否则所得到的子图一定不是极大不可分子图,从而不会是一个块.

证明 由块的定义知,若图 G 不是块且连通,则 G 有割点,依次在有割点的地方将 G 分解成块,一个割点可分成两块,每个块中含 G 中的一个割点. 如下图 G.

易知 u,v 是割点,G 可分成四个块 $K_1 \sim K_4$. 其中每个块恰含一个割点.

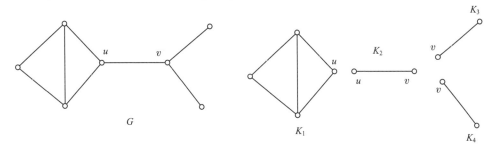

12. 证明:图 G 中块的数目等于 $\omega(G) + \sum_{v \in V(G)} (b(v) - 1)$,其中,$b(v)$ 表示包含 v 的块的数目.

分析 一个图 G 的非割点只能分布在 G 的一个块中,即 $b(v) = 1$(当 v 是 G 的非割点时),且每个块至少包含一个割点. 因此下面就从 G 的割点入手进行证明. 证明中使用了归纳法.

证明 先考虑 G 是连通的情况($\omega(G) = 1$),对 G 中的割点数 n 用归纳法.

由于对 G 的非割点 $v,b(v) = 1$,即 $b(v) - 1 = 0$,故对 $n = 0$ 时,G 的块数为 $1 + \sum_{v \in V(G)} (b(v) - 1)$ 结论成立.

假设 G 中的割点数 $n \leq k (k \geq 0)$ 时,结论成立.

对 $n = k + 1$ 的情况,任取 G 的一个割点 a,可将 G 分解为连通子图 G_i,使得 a 在 G_i 中不是割点,a 又是 G_i 的公共点. 这样,每一个 G_i,有且仅有一个块含有 a,若这些 G_i 共有 r 个,则 $b(a) = r$,且显然 G_i 的块也是 G 的块,且 G_i 的割点数 $l_i \leq k$. 故由归纳法假设 G_i 的块数为 $1 + \sum_{v \in V(G_i)} (b_i(v) - 1) (i = 1,2,\cdots,r)$,这里 $b_i(v)$ 是 G_i 中含 v 的块数,注意到 G_i 中异于 a 的 $v,b(v) = b_i(v)$,而 a 在每一个 G_i 中均为非割点,故 $b_i(a) (i = 1,2,\cdots,r)$. 于是 G_i 的块数为 $1 + \sum_{\substack{v \in V(G_i) \\ v \neq a}} (b(v) - 1) (i = 1,2,\cdots,r)$

将所有 G_i 的块全部加起来,则得到 G 的块数为

$$r + \sum_{i=1}^{r} \sum_{\substack{v \in V(G) \\ v \neq a}} (b(v) - 1) = r + \sum_{\substack{v \in V(G) \\ v \neq a}} (b(v) - 1) = 1 + (r - 1) + \sum_{\substack{v \in V(G) \\ v \neq a}} (b(v) - 1) = 1 + \sum_{v \in V(G)} (b(v) - 1)$$

由归纳法可知,当 G 连通时,结论成立.

当 G 不连通时,对每个连通分支上述结论显然成立.

因此有图 G 中块的数目等于

$$\omega(G) + \sum_{v \in V(G)} (b(v) - 1)$$

13. 给出一个求图的块的算法.

分析 设 G 是一个具有 p 个顶点、q 条边、w 个连通分支的图. 求图 G 的块可先求图 G 的任一生成森林 F, 且对每一边 $e \notin F$, 求 $F + e$ 中的唯一回路, 设这些回路 $C_1, C_2, \cdots, C_{q-p+w}$ 都已求得(这些都有好算法). 在此基础上, 我们注意到, 两个回路(或一个回路与一个块)若有多于一个公共点, 则它们属于同一块. 此外, 由割边的定义知, G 的任一割边不含于任何回路中, 且它们都是 G 的块. 基于这些道理, 可得如下求图 G 的块的好算法.

解 求图的块的算法:

(1) 令 $s = 1, t = 1, n = q - p + w$.

(2) 若 $n > 0$, 输入 $C_1, C_2, \cdots, C_n$; 否则, 转第(4)步.

(3) 若 $|V(C_s) \cap V(C_{s+t})| > 1$, 令 $C_s = C_s \cup C_{s+t}$, 且对 $i = s + t, \cdots, n - 1$, 令 $C_i = C_{i+1}, n = n - 1$, 转第(4)步; 否则, $t = t + 1$, 转第(5)步.

(4) 若 $s < n$, 令 $t = 1$, 转第(3)步; 否则, 算法停止(这时 $C_1, C_2, \cdots, C_n$ 与 $\{E(G) - \{C_1, C_2, \cdots, C_n\}\}$ 中的每一边都是 G 的块)

(5) 若 $s + t \leqslant n$ 转第(3)步; 否则, $s = s + 1$, 转第(4)步.

本算法除了求回路有已知的好算法外, 计算量主要在第(3)步, 比较 C_s 与 C_{s+t} 的顶点寻找它们的公共点的运算中, 这些运算不超出 $p^2(q - p + w)$ 次, 故是好算法.

14. 证明: $H_{2r+1,p}$ 是 $(2r+1)$-连通的.

分析 只要证明 $H_{2r+1,p}$ 不存在少于 $2r + 1$ 个顶点的顶点割集. 设 V' 是一个 $|V'| < 2r + 1$ 的任一顶点子集, 可分 $|V'| < 2r$ 和 $|V'| = 2r$ 两种情形证明.

证明

(1) 当 $|V'| < 2r$ 时, 根据主教材定理 9.3.1 的证明, V' 不是 $H_{2r,p}$ 的顶点割集, 当然更不是在 $H_{2r,p}$ 上加些边的 $H_{2r+1,p}$ 的顶点割集.

(2) 当 $|V'| = 2r$ 时, 设 V' 是 $H_{2r+1,p}$ 的顶点割集, i, j 属于 $H_{2r+1,p} - V'$ 的不同分支. 考察顶点集合 $S = \{i, i+1, \cdots, j-1, j\}$ 和 $T = \{j, j+1, \cdots, i-1, i\}$, 这里加法取模 n. 若 S 或 T 有一个含 V' 的顶点少于 r 个, 则在 $H_{2r+1,p} - V'$ 中存在从 i 到 j 的路. 与 V' 为顶点割集矛盾.

若 S 和 T 中都有 V' 的 r 个顶点, 则:

① 若 S 或 T 中, 有一个(不妨设为 S)中 V' 的 r 个顶点不是相继连成段, 则 $S - V'$ 中存在从 i 到 j 的路. 与 V' 为顶点割集矛盾.

② 若 S 与 T 中, V' 的 r 个顶点都是相继连成一段的. 若 S 与 T 中至少有一个没有被分成两段, 则立即与 V' 为顶点割集矛盾; 若 $S - V'$ 被分成两段: 含 i 的记 S_1, 含 j 的记 S_2, 且 $T - V'$ 也被分为两段: 含 i 的记 T_1, 含 j 的记 T_2. 这样, $V - V'$ 被分为两段: 含 i 的 $S_1 \cup T_1$ 和含 j 的 $S_2 \cup T_2$. 这两段都是连通的, 且含 i 段的中间点(或最靠近中间的一点) i_0 与含 j 段的类似点 j_0 满足:

$$j_0 = \begin{cases} i_0 + \dfrac{n}{2}, & n \text{ 为偶数} \\[2mm] i_0 + \dfrac{n+1}{2}, & n \text{ 为奇数} \end{cases}$$

故 i_0 与 j_0 有边相连, 在 $H_{2r+1,p} - V'$ 中有路 $(i, \cdots, i_0, j_0, \cdots, j)$, 与 V' 为顶点割集矛盾.

综上所述, $H_{2r+1,p}$ 是 $(2r+1)$-连通的.

15. 证明：$\kappa(H_{m,n}) = \lambda(H_{m,n}) = m.$

分析　根据主教材定理 9.3.1，图 $H_{m,n}$ 是 m-连通图，因此有 $\kappa(H_{m,n}) = m$

又根据 $H_{m,n}$ 的构造，可知 $\delta(H_{m,n}) = m$，再由主教材定理 9.1.1 可证.

证明　由主教材定理 9.3.1 知：$\kappa(H_{m,n}) = m$

已知 $k \leqslant \lambda \leqslant \delta$，而 $\delta(H_{m,n}) = m$. 因此 $m = k \leqslant \lambda \leqslant \delta = m$. 故 $\lambda(H_{m,n}) = m$.

16. 试画出 $H_{4,8}$，$H_{5,8}$ 和 $H_{5,9}$

分析　根据主教材构造 $H_{m,n}$ 的方法可构造出 $H_{4,8}$，$H_{5,8}$ 和 $H_{5,9}$.

（i）$H_{4,8}$：$r = 2$，$p = 8$，对任意 $i,j \in V(H_{4,8})$，$|i - j| \leqslant r$ 或者 $|i' - j| \leqslant r$，其中，$i' \equiv i \pmod{p}$，$j' \equiv j \pmod{p}$.

$$\begin{cases} i = 0, j = 7,6 \\ i' = 8, j' = 7,6 \end{cases} \qquad \begin{cases} i = 1, j = 7 \\ i' = 9, j' = 7 \end{cases}$$

则 $H_{4,8}$ 如下图所示.

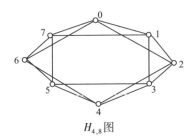

$H_{4,8}$ 图

（ii）$H_{5,8}$ 图：$r = 2$，$p = 8$，则在 $H_{4,8}$ 中添加连接顶点 i 与 $i + p/2 \pmod{p}$ 的边，其中 $1 \leqslant i \leqslant p/2$，所以 $1 \to 5$；$2 \to 6$；$3 \to 7$；$4 \to 0$. 则 $H_{5,8}$ 如下图所示.

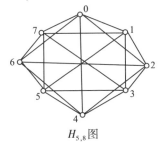

$H_{5,8}$ 图

（iii）$H_{5,9}$ 图：

$r = 2$，在 $H_{4,9}$ 图上添加连接顶点 0 与 $(p-1)/2$ 和 $(p+1)/2$ 的边，以及顶点 i 与 $i + (p+1)/2 \pmod{p}$ 的边，其中 $1 \leqslant i < (p-1)/2$.

$$\begin{cases} i = 0, j = 8,7 \\ i' = 9, j' = 8,7 \end{cases} \qquad \begin{cases} i = 1, j = 8 \\ i' = 10, j' = 8 \end{cases}$$

所以 $0 \to 4$；$0 \to 5$；$1 \to 6$；$2 \to 7$；$3 \to 8$.

则 $H_{5,9}$ 如下图所示.

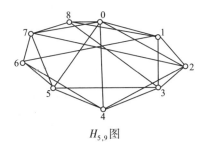

$H_{5,9}$ 图

第 *10* 章　*E* 图与 *H* 图

1. 主教材图 10.10 中哪些是 *E* 图? 哪些是半 *E* 图?

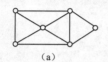　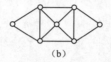　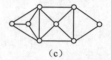

（a）　　　　　　　　（b）　　　　　　　　（c）

主教材图 10.10

分析　根据欧拉定理及其推论, *E* 图是不含任何奇点的图, 半 *E* 图是最多含两个奇点的图.

解　（a）半 *E* 图.（b）*E* 图.（c）非半 *E* 图和 *E* 图.

2. 试作出一个 *E* 图 $G(p,q)$, 使得 p 与 q 均为奇数. 能否作出一个 *E* 图 $G(p,q)$, 使得 p 为偶数, 而 q 为奇数? 如果 p 为奇数, q 为偶数呢?

解　以下 *E* 图中, p 与 q 的奇偶见下表.

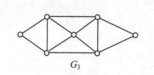

G_1　　　　G_2　　　　　　G_3

图	p	q
G_1	奇数	奇数
G_2	偶数	奇数
G_3	奇数	偶数

3. 求证:若 G 是 *E* 图, 则 G 的每个块也是 *E* 图.

分析　一个图如果含有 *E* 回路, 则该图是 *E* 图. 另外, 一个块是 G 中不含割点的极大连通不可分子图, 且非割点不可能属于两个或两个以上的块. 这样沿 G 中的一条 *E* 回路遍历 G 的所有边时, 从一个块到达另一个块时, 只能经过割点才能实现.

证明　设 B 是 G 的块, 任取 G 中一条 *E* 回路 C, 由 B 中的某一点 v 出发, 沿 C 前进, C 只有经过 G 的割点才能离开 B, 也就是说, 只有经过同一个割点才能回到 B 中, 注意到这个事实后, 将 C 中属于 B 外的一个个闭回路除去, 最后回到 v 时, 得到的就是 B 上的一个 *E* 回路, 所以 B 也是 *E* 图.

4. 求证:若 G 无奇点, 则 G 中存在边互不重的回路 $C_1,C_2,\cdots,C_m$, 使得 $E(G) = E(C_1) \cup E(C_2) \cup \cdots \cup E(C_m)$.

分析　G 中无奇点, 则除了孤立点后其他所有点的度至少为 2, 而孤立点不与任何边关联, 因此在分析由边构成的回路时可以不加考虑;而如果一个图所有的顶点的度至少为 2, 则由第 7 章第 18 题知该图必含回路.

证明　将 G 中孤立点去掉以后得到图 G_1, 显然 G_1 也是一个无奇点的 *E* 图, 且 $\delta(G_1) \geqslant 2$. 由第 7 章第 18 题知, G_1 必含有回路 C_1;在图 $G_1 - C_1$ 中去掉孤立点, 得图 G_2, 显然 G_2 仍然是一个无奇点的图, 且 $\delta(G_2) \geqslant 2$, 于是 G_2 中也必含回路 C_2, 依此类推, 直到 G_m 中有回路 G_m, 且 $G_m - C_m$ 全为孤立点为止, 于是 $E(G) = E(C_1) \cup E(C_2) \cup \cdots \cup E(C_m)$.

5. 求证:若 G 有 $2k > 0$ 个奇点,则 G 中存在 k 个边互不重的链 $Q_1, Q_2, \cdots, Q_k$,使得 $E(G) = E(Q_1) \cup \cdots \cup E(Q_k)$.

分析 一个图的 E 回路去掉一条边以后,将得到一条 E 链.

证明 设 $V_1, V_2, \cdots, V_k, V_{k+1}, \cdots, V_{2k}$ 为 G 中的奇数度顶点,$k \geq 1$ 在 V_i 和 V_{i+k} 之间用新边 e_i 连接,$i = 1, 2, \cdots, k$,所得之图记为 G^*. 易知 G^* 的每个顶点均为偶数,从而 G^* 存在 E 闭链 C^*. 现从 C^* 中删去 $e_i (i = 1, 2, \cdots, k)$,则 C^* 被分解成 k 条不相交的链 $Q_i (i = 1, 2, \cdots, k)$,显然有 $E(G) = E(Q_1) \cup \cdots \cup E(Q_k)$.

6. 证明:如果 (1) G 不是 2-连通图,或者 (2) G 是二分图 $\langle X, Y \rangle$,且 $X \neq Y$,则 G 不是 H 图.

分析 G 不是 2-连通图,说明 $\kappa(G) \leq 1$,于是 $\kappa(G) = 1$ 或 $\kappa(G) = 0$. 如果 $\kappa(G) = 0$,则说明 G 不连通,如 G 不连通,显然 G 不是 H 图. 如果 $\kappa(G) = 1$ 则 G 中存在孤立点,因此有 $\omega(G-v) \geq 2$,由主教材定理 10.2.1,G 不是 H 图. 若 G 是二分图 $\langle X, Y \rangle$,则 X 或 Y 中的任意两个顶点不邻接,因此 $G-X$ 剩下的是 Y 中的点,这些点都是孤立点;同样 $G-Y$ 剩下的是 X 中的点,这些点也是孤立点;即有 $\omega(G-X) = |Y|, \omega(G-Y) = |X|$,如果 $X \neq Y$,则有 $\omega(G-X) = |Y| > |X|$ 或 $\omega(G-Y) = |X| > |Y|$ 成立. 无论哪个结论成立,根据主教材定理 10.2.1 都有 G 不是 H 图.

证明 若 (1) 成立则 G 不连通或者是 G 有割点 u,若 G 不连通,则 G 不是 H 图,若 G 有割点 u,取 $S = \{u\}$,于是 $\omega(G-u) > S$ 因此 G 不是 H 图.

若 (2) 成立,不妨设 $|X| < |Y|$. 令 $S = X$,则 $\omega(G-S) = |Y| > |X| = |S|$,即 $\omega(G-S) > |S|$. 因此 G 不是 H 图.

7. 证明:若 G 是半 H 图,则对于 $V(G)$ 的每一个真子集 S,有 $\omega(G-S) \leq |S| + 1$.

分析 图 G 的权与它的生成子图 G' 的连通分支数满足 $\omega(G) \leq \omega(G')$,因为一个图的生成子图是在该图的基础上去掉若干边得到的,显然去掉边以后只能使该图的连通分支增加.

对于图 G 的一条 H 通路 C,满足任取 $S \subset V, \omega(C-S) \leq |S| + 1$.

证明 设 C 是 G 的一条 H 通路,任取 $S \subset V$,易知 $\omega(C-S) \leq |S| + 1$.

而 $C-S$ 是 $G-S$ 的生成子图. 故 $\omega(G-S) \leq \omega(C-S) \leq |S| + 1$. 所以 $\omega(G-S) \leq |S| + 1$.

8. 试述 H 图与 E 图之间的关系.

分析 H 图是指存在一条从某个点出发经过其他顶点有且仅有一次的回路;而 E 图是指从某点出发通过图中所有的边一次且仅有一次的回路. 从定义可看出,这两者之间没有充分或必要的关系.

解 考虑下图所示的四个图.

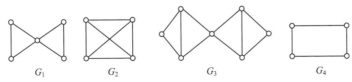

$G_1 \qquad\qquad G_2 \qquad\qquad G_3 \qquad\qquad G_4$

易知 G_1 是 E 图,但非 H 图;G_2 是 H 图,但非 E 图;G_3 既非 E 图,又非 H 图;G_4 既是 E 图,也是 H 图.

9. 作一个图,它的闭包不是完全图.

分析 一个 p 阶图的闭包是指对 G 中满足 $d(u) + d(v) \geq p$ 的顶点 u, v,若 $uv \notin E(G)$,则将边 uv 加到 G 中,得到 $G + uv$,如此反复加边,直到满足 $d(u) + d(v) \geq p$ 的所有顶点均邻接. 由闭包的定义,如果一个图本身不存在任何一对顶点 u, v,满足 $d(u) + d(v) \geq p$,则它的闭包就是其自身. 显然可找到满足这种条件的非完全图.

解 如下图 G, $\hat{G} = G$, 但 $\hat{G}$ 不是完全图.

$$G$$

10. 若 G 的任何两个顶点均由一条 H 通路连接着, 则称 G 是 H 连通的.

(1) 证明: 若 G 是 H 连通的, 且 $p \geqslant 4$, 则 $q \geqslant \left\lfloor \dfrac{1}{2}(3p+1) \right\rfloor$.

(2) 对于 $p \geqslant 4$, 构造一个具有 $q = \left\lfloor \dfrac{1}{2}(3p+1) \right\rfloor$ 的 H 连通图 G.

分析 根据主教材定理 7.3.1 有 $2q = \sum\limits_{i=1}^{p} d(v_i)$, 因此 $q = \sum\limits_{i=1}^{p} d(v_i)/2$.

而 $\sum\limits_{i=1}^{p} d(v_i) \geqslant p \cdot \delta(G)$, 所以 $q \geqslant p \cdot \delta(G)/2$, 因此如果能判断 $\delta(G) \geqslant 3$, 则有

$$q \geqslant p \cdot \delta(G)/2 \geqslant 3P/2 \geqslant \left\lfloor \dfrac{1}{2}(3p+1) \right\rfloor$$

下面的证明关键是判断 $\delta(G) \geqslant 3$.

证明 (1) 任取 $w \in V(G)$, 由于 G 是连通的, 所以 $d(w) \geqslant 1$.

若 $d(w) = 1$, 则与 w 邻接的顶点 u 与 w 之间不可能有一条 H 通路连接它们, 否则因为 $p \geqslant 4$, 所以 G 中除了 u 与 w 外还有其他顶点, 因此, 如果 u 与 w 之间有一条 H 通路, 这条 H 通路与 u 与 w 的连线就构成了一个回路, 这样与 $d(w) = 1$ 矛盾, 所以 $d(w) \neq 1$.

同理, 若 $d(w) = 2$, 则与 w 邻接的顶点 u 与 v 之间不存在 H 通路.

因此 $\delta(G) \geqslant 3$.

从而 $2q = \sum d(u) \geqslant 3p$, 即 $2q \geqslant 3p$, 也即 $q \geqslant 3p/2$.

(i) 若 p 为奇数, 则 $q \geqslant \dfrac{1}{2}(3p+1)$

(ii) 若 p 为偶数, 则 $3p$ 为偶数, 于是 $q \geqslant \left\lfloor \dfrac{1}{2}(3p+1) \right\rfloor$.

综合以上各种情况, 有 $q \geqslant \left\lfloor \dfrac{1}{2}(3p+1) \right\rfloor$.

(2)(i) 当 $p =$ 偶数时, $q = 3p/2$, 满足条件的图如下图 (a) 所示.

(ii) 当 $p =$ 奇数时, $q = \left\lfloor \dfrac{1}{2}(3p+1) \right\rfloor$, 满足条件的图如下图 (b) 所示.

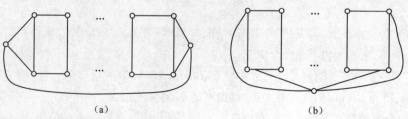

(a)   (b)

11. 证明: 若 G 是一个具有 $p \geqslant 2\delta$ 的连通简单图, 则 G 有一条长度至少是 2δ 的通路.

分析 使用反证法, 假设 G 中没有一条长度大于或等于 2δ 的通路. 先找到图 G 的一条最长

通路 P,设其长度为 m,由假设 $m<2\delta$. 再在 P 的基础上构造一条长度为 $m+1$ 的回路 C,显然 C 中包含的顶点数小 $<2\delta$,由于 $p\geq 2\delta$,所以图 G 至少还有一个顶点 v 不在该圈中,又由于 G 是连通的,所以 v 到 C 上有一条通路 P'. 于是 $P'+C$ 的长度等于通路 P 的长度的通路构成了一条比 P 更长的通路,这与 P 是 G 的一条最长通路矛盾. 从而本题可得到证明.

证明 (反证法)设 $P=V_1V_2\cdots V_{m+1}$ 是 G 的最长通路,其长度为 m,假设 $m<2\delta$.

由 P 是 G 的最长通路,则 V_1,V_{m+1} 只能与 P 中的顶点相邻,注意到 G 是简单图. 令 $S=\{v_i\mid v_1v_{i+1}\in E(G)\}$, $T=\{v_i\mid v_{m+1}v_i\in E(G)\}$,所以 $|S|=d(v_1)\geq\delta$, $|T|=d(v_{m+1})\geq\delta$.

由定义知 $v_{m+1}\notin S\cup T$,因此,$|S\cup T|\leq m<2\delta$,于是 $S\cap T\neq\varnothing$,事实上,因为 $2\delta>|S\cup T|=|S|+|T|-|S\cap T|\geq\delta+\delta-|S\cap T|=2\delta-|S\cap T|$ 所以 $|S\cap T|>0$,即 $S\cap T\neq\varnothing$.

设 $v_i\in S\cap T\neq\varnothing$,从而有 G 中的长为 $m+1$ 的回路 $C:v_1v_2\cdots v_iv_{m+1}v_m\cdots v_{i+1}v_1$.

因 $p>2\delta$,$m+1\leq 2\delta$,所以 C 外至少还有一个顶点 $v_0\in V(G)$.

由 G 连通可知,有一条 P 外的通路与 C 连接. 不妨设 $v_0v_j\in E(G)$,$1\leq j\leq m+1$.

于是有通路 $P':v_0v_jv_{j-1}\cdots v_1v_{i+1}\cdots v_mv_{m+1}v_iv_{i-1}\cdots v_1$. 且 $|P'|>|P|$,此与 P 的假设矛盾. 故结论成立.

12. 设 $p(p\geq 3)$ 阶简单图 G 的度序列为 $d_1\leq d_2\leq\cdots\leq d_p$. 证明:若对任何 m,$1\leq m\leq(p-1)/2$,均有 $d_m>m$,若 p 为奇数,还有 $d_{\frac{1}{2}(p+1)}>\frac{1}{2}(p-1)$,则 G 是 H 图.

分析 由主教材定理 10.2.4,如果 $p(p\geq 3)$ 阶简单图 G 的各顶点度数序列 $d_1\leq d_2\leq\cdots\leq d_p$,而且对任何 $m<\frac{p}{2}$,有 $d_m>m$ 或 $d_{p-m}\geq p-m$,则 G 是 H 图.

下面的证明就是利用这个定理来判断当 $m<\frac{p}{2}$ 时,d_m 满足 $d_m>m$. 从而 G 是 H 图.

证明 对任何正整数 $m<\frac{p}{2}$,有:

(1)若 p 为偶数($p\geq 3$),则必有 $1\leq m\leq\frac{p}{2}-1=\frac{p-2}{2}<\frac{p-1}{2}$,即 $1\leq m\leq\frac{p-1}{2}$,由题设有 $d_m>m$,再由主教材定理 10.2.4 知 G 为 H 图.

(2)若 p 为奇数,则 $m\leq\frac{p-1}{2}$.

(a)若 $m<\frac{p-1}{2}$,则由题设有 $d_m>m$.

(b)若 $m=\frac{p-1}{2}$,则 $p-m=p-\frac{p-1}{2}=\frac{2p-p+1}{2}=\frac{p+1}{2}$.

于是 $d_{p-m}=d_{\frac{1}{2}(p+1)}>\frac{1}{2}(p-1)$ 即 $d_{p-m}\geq\frac{1}{2}(p-1)+1=p-m$,也即 $d_{p-m}\geq p-m$,从而,由主教材定理 10.2.4 知,G 是 H 图.

13. 在主教材图 10.8 中,如果分别去掉 v_3,v_4,v_5,则相应得到的旅行推销员问题的解分别取什么下界估计值?

分析 利用 Kruskal 算法可给出一个关于旅行推销员问题的下界估计式.

任选赋权完全图 K_n 的一个顶点 v,用 Kruskal 算法求出 K_n-v 的最优

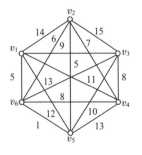

主教材图 10.8

55

树 T,设 C 是最优的 H 回路,于是有 $C-v$ 也是 K_n-v 的一个生成树,因此有 $w(T) \leqslant w(C-v)$.

设 e_1 和 e_2 是 K_n 中与 v 关联的边中权最小的两条边,于是 $w(T)+w(e_1)+w(e_2) \leqslant w(C)$.

上式左边的表达式即是 $w(C)$ 的下界估计式.

解 （1）去掉 v_3 后的最优数 T_3 的权为 $w(T_3)=5+5+1+7=18$,而与 v_3 关联的 5 条边中权最小的两条之权为 $w(e_1)=8,w(e_2)=9$,因此下界估计值为 $w(C_3)=18+8+9=35$.

（2）去掉 v_4 后,仿上有 $w(T_4)=20,w(C_4)=20+7+8=35$.

（3）去掉 v_5 后,有 $w(T_5)=26,w(C_5)=26+1+5=32$.

14. 设 G 是一种赋权完全图,其中对任意 $x,y,z \in V(G)$,均满足 $\omega(xy)+\omega(yz) \geqslant \omega(xz)$.

证明:G 中最优 H 回路最多具有权 $2\omega(T)$,其中 T 是 G 中的一棵最优树.

分析 H 回路是指从图中某点出发,经过图中每个顶点有且仅有一次,最后回到出发点的一条回路.由于 G 是一种赋权完全图,所以从任意顶点出发包括了 G 的其他所有顶点有且仅有一次再回到原点的回路都构成了 G 的一条 H 回路 C',且最优 H 回路 C 的权满足 $\omega(C) \leqslant \omega(C')$.因此只需证明 G 中存在一条 H 回路 C',其权 $\omega(C') \leqslant 2\omega(T)$ 即可,因此证明本题的关键是找到满足这个结论的 H 回路 C'.

证明 设 T 是 G 中的一棵最优树,将 T 的每边加倍得到图 T',则 T' 的每个顶点的度数均为偶数.所以 T' 有一欧拉回路 Q,设 $Q=(v_1,v_2,\cdots,v_n,v_1)$,$(n \geqslant |v(G)|)$,$Q$ 中某些顶点可能有重复,且 $\omega(Q)=2\omega(T)$.

在 Q 中,从 v_3 开始,凡前面出现过的顶点全部删去,得到 G 的 $|v(G)|$ 个顶点的一个排列 π.由于 G 是完全的,所以 π 可以看作 G 中的一个 H 回路.在 π 中任意边 (u,v),在 T 中对应存在唯一的 (u,v)-通路 P,由权的三角不等式有 $\omega(u,v) \leqslant \omega(P)$.由于将 π 中的边 (u,v) 用 T 中的 P 来代替时,就得到 Q,因而 $\omega(\pi) \leqslant \omega(Q)=2\omega(T)$.故 G 中的最优 H 回路 C 的权 $\omega(C) \leqslant \omega(\pi) \leqslant 2\omega(T)$.

第 *11* 章　匹配与点独立集

1. 证明:任何树最多只有一个完美匹配.

分析　树是连通没有回路的图;树的完美匹配是树存在一个匹配 M,满足树的所有顶点 v 都是 M-饱和点. 而两个完美匹配中不同的边所关联的顶点的度至少为 2,否则如果等于 1,则该顶点关联的边只有一条,在构造完美匹配的时候为了使得这个点成饱和点,只有一种选择.

证明　设树 T 有两个或两个以上的完美匹配,任取完美匹配 M_1 和 M_2,$M_1 \neq M_2$. 于是 $M_1 \oplus M_2 \neq \varnothing$. 易知边导出子图 $H = T[M_1 \oplus M_2]$ 中的每个顶点 v 满足 $d_H(v) \geq 2$. 于是 H 中存在回路,从而 T 中有回路. 此与 T 是树矛盾,故结论成立.

2. 证明:树 G 有完美匹配当且仅当对任意 $v \in V(G)$,均有 $O(G-v) = 1$

分析　一方面,由主教材定理 11.1.3 图 G 存在完美匹配当且仅当对任意 $S \subset V(G)$,有 $O(G-S) \leq |S|$,所以如果树 G 有完美匹配,则 $O(G-v) \leq |\{v\}| = 1$;而 G 有完美匹配,说明 $|V(G)| = $ 偶数,所以 $O(G-v) \geq 1$;从而有 $O(G-v) = 1$.

另外,如果对任意 $v \in V(G)$,均有 $O(G-v) = 1$,则对 v 而言,可利用这个这个奇分支找到 v 关联的唯一边,从而构造出 G 的一个完美匹配.

证明　必要性. 设 G 有完美匹配.

由主教材定理 11.1.3,取 $S = \{v\}$,则 $O(G-v) = O(G-S) \leq |S| = 1$.

又因为 G 有完美匹配,所以 $|V(G)| = $ 偶数. 于是 $|V(G-v)| = $ 奇数.

故　$O(G-v) \geq 1$. 从而 $O(G-v) = 1$.

充分性. 设对任意 $v \in V(G)$,有 $O(G-v) = 1$.

即 $G-v$ 恰有一个奇分支 $C_0(v)$,因 G 是树,故 v 只能与 $C_0(v)$ 中的一个顶点邻接. 设 v 与 $C_0(v)$ 的关联边为 $e(v) = vu \in E(G)$. 显然 v 确定以后,uv 是唯一确定的,且易知 $C_0(u) = uv$. 因为 $G-v$ 只有一个奇分支 $C_0(v)$,则 $G-u$ 以后,v 应该与 $G-v$ 的其他偶分支在一个连通分支中,而这个分支的顶点数显然是奇数,从而构成 $G-u$ 的唯一奇分支 $C_0(u)$,而 u 与这个奇分支中的顶点显然也只有与 v 邻接,所以 $C_0(u) = uv$. 于是对任意 $v \in V(G)$,按这样的方法构造其关联边 $e(v)$,所得的匹配 $M = \{e(v) | v \in V(G)\}$ 就是 G 的一个完美匹配.

3. 设 k 为大于 1 的奇数. 举出没有完美匹配的 k-正则简单图的例子.

分析　作 G 如下:取 $2k-1$ 个顶点 $v_1, v_2, \cdots, v_{2k-1}$,在奇足标顶点和偶足标顶点间两两连以边外,再连以 $v_1 v_3, v_5 v_7, \cdots, v_{2k-5} v_{2k-3}$ 边,所得图记为 G_0,显然 G_0 除 v_{2k-1} 外其余顶点的度均为 k,而 v_{2k-1} 的度为 $k-1$,取 k 个两两不相交的 G_0 的副本和一个新顶点 v_0,并把每个 G_0 副本中对应于 v_{2k-1} 的顶点与 v_0 相连以边. 最后所得的图记为 G,显然 G 是 k-正则的简单图. 又由于 G_0 含 $2k-1$ 个顶点,则 G 的顶点数为 $k(2k-1) + 1$. 所以如果 G 有一个完美匹配 M,则 $|M| = \dfrac{k(2k-1)+1}{2} = k^2 - \dfrac{k-1}{2}$.

假设 M 是 G 的一个完美匹配,则其边应来自 k 个独立的 G_0,以及和 v_0 相关联的一条边.

而每个 G_0,其包含的顶点数为 $2k-1$,所以 G_0 能提供给 M 的边最多为 $k-1$ 条,k 个这样的 G_0 能提供给 M 的边最多为 $k(k-1)$,因此 M 最多包含的边为 $k(k-1)+1=k^2-(k-1)<k^2-\dfrac{k-1}{2}$,因此 G 不可能有完美匹配.

解 令 $k=3$,得到的图 G_0 及 G 如下图所示.

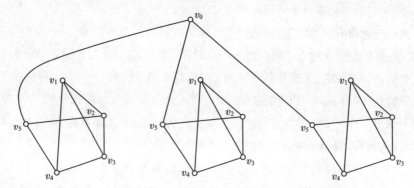

4. 设 k 为大于 0 的偶数,举出没有完美匹配的 k-正则简单图的例子.

分析 当 k 为偶数时,取 $G=K_{k+1}$,则 G 的顶点数为 $k+1$,显然 G 的顶点数为奇数,所以 G 无完美匹配.

解 令 $k=2$ 时,可构造出无完美匹配的 2-正则图 K_3,如下图所示.

5. 两个人在图 G 上对弈,双方分别执黑子和白子,轮流向 G 的不同顶点 $v_0,v_1,v_2,\cdots$ 下子,要求当 $i>0$ 时,v_i 与 v_{i-1} 邻接,并规定最后可下子的一方获胜.若规定执黑子者先下子,试证明执黑子的一方有取胜的策略当且仅当 G 无完美匹配.

分析 假设 G 有完美匹配,则 G 的每个顶点都是 M-饱和点,这样先下者无论取哪个顶点,后下者都可取其相邻的 M-饱和点,这样先下的人必输;因此先下的人如要赢,G 中肯定无完美匹配.

反过来,如果 G 中无完美匹配,由于任何图都有最大匹配,则可找到 G 的一个最大匹配 M,由于 M 不是完美匹配,因此 G 中存在 M-非饱和点 v,先下的黑方就可找到这个点下,则与 v 相邻的下一个点必是 M-饱和点,不然,$M\cup\{uv\}$ 就是一个更大的匹配,与 M 是最大匹配矛盾.同理 G 中不存在 M 可增广路,故黑方所选 v_i 必是 M 饱和点,如此下去,最后必是白方无子可下,故黑方必胜.

证明 必要性(反证法).若 G 中存在一个完美匹配 M,则 G 中任何点 v 都是 M 饱和点.故不论执黑子(先下者)一方如何取 v_{i-1},白方总可以取 M 中和 v_{i-1} 关联边的另一端点作为 v_i,于是,黑方必输.

充分性.设 G 中不存在完美匹配,令 M 是 G 的最大匹配,而 v_0 是非 M 饱和点.于是,黑方可先取 v_0 点,白方所选 v_1 必是 M 饱和点(因 M 是最大的匹配).由 M 的最大性可知 G 中不存在 M 可增广路,故黑方所选 v_i 必是 M 饱和点,如此下去,最后必是白方无子可下,故黑方必胜.

6. 证明:二分图 G 有完美匹配的充分必要条件是对任何 $S \subseteq V(G)$,有 $|S| \leqslant |N_G(S)|$ 成立. 举例说明若 G 不是二分图,则上述条件不是充分的.

　　分析　由 Hall 定理,对于具有二划分 (X,Y) 的二分图,G 有饱和 X 中每个顶点的匹配当且仅当对任意的 $S \subseteq X$,有 $|S| \leqslant |N_G(S)|$,显然如果 G 有完美匹配 M,则 M 既饱和 X,也饱和 Y. 但当 G 不是二分图时,这个结论不一定成立,如 K_{2n+1} 对任意的 $S \subseteq V(G)$ 满足 $|S| \leqslant |N_G(S)|$,但它无完美匹配.

　　证明　必要性. 设 G 有完美匹配 M,则 M 饱和 X 及 Y,由 Hall 定理和对任何 $S \subseteq X$ 或 $S \subseteq Y$,有
$$|S| \leqslant |N_G(S)|$$
今任取 $S \subseteq V(G)$,有 $S = S_1 \cup S_2, S_1 \subseteq X, S_2 \subseteq Y$,于是有
$$|S| = |S_1 \cup S_2| = |S_1| + |S_2| \leqslant |N_G(S_1)| + |N_G(S_2)|$$
$$= |N_G(S_1 \cup S_2)| = |N_G(S)|$$

　　充分性. 设对任何 $S \subseteq V(G)$,有 $|S| \leqslant |N_G(S)|$. 即任取 $S \subseteq X$,有 $|S| \leqslant |N_G(S)|$,于是由 Hall 定理,存在饱和 X 的匹配 $M(X)$. 同理,存在饱和 Y 的匹配 $M(Y)$,从而 $|X| = |Y|$. 易知 $M(X)$ 和 $M(Y)$ 都是完美匹配.

　　当 G 不是二分图时,条件不充分,如 $G = K_3$.

7. $2n$ 个学生做化学实验,每两个人一组. 如果每对学生只在一起互相做一次,做出一个安排,使任意两个学生都在一起做过实验.

　　分析　该题可转化为对具有 $2n$ 个顶点(可分别记为 $0,1,2,\cdots,2n-1$)的完全图构造其不同的 $2n-1$ 个完美匹配,使得 $(0,1),(0,2),\cdots,(0,2n-1),(1,2),(1,3),\cdots,(1,2n-1)\cdots,(2n-2,2n-1)$ 在这 $2n-1$ 个匹配中出现且仅出现一次.

　　解　共安排 $2n-1$ 次实验,可使任意两个学生都在一起做过实验. 安排如下:

第 1 次:$(0,1),(2,2n-1),(3,2n-2),\cdots,(x,y)$. 其中,$x+y=2n+1$.

第 2 次:$(0,2),(3,1),(4,2n-1),\cdots,(x,y)$. 其中,$x+y=2n+3$.

……

第 $2n-1$ 次:$(0,2n-1),(1,2n-2),(2,2n-3),\cdots,(x,y)$. 其中,$x+y=2n-1$.

8. 证明:任何一个 $(0,1)$ 矩阵中,包含元素 1 的行或列的最小数目,等于位于不同行不同列的 1 的最大数目.

　　分析　由主教材定理 11.2.2,对二分图 G,均成立 $\alpha'(G) = \beta(G)$(其中 $\alpha'(G)$ 为 G 的最大匹配数,$\beta(G)$ 为 G 的点覆盖数). 将给定的 $(0,1)$ 矩阵表示成一个二分图 $G(V_1,V_2,E)$,$V_1 = \{u_1,u_2,\cdots,u_n\}$,$V_2 = \{v_1,v_2,\cdots,v_n\}$. 其中 $M(i,j)=1$ 当且仅当 $(u_i,v_j) \in E(G)$. 该题转化为了判断 G 的 $\beta(G)$ 和 $\alpha'(G)$ 的关系.

　　证明　设 $M_{m \times n}$ 是一个 $(0,1)$ 矩阵. 将 $M_{m \times n}$ 表示成一个二分图 $G(V_1,V_2,E)$,$V_1 = \{u_1,u_2,\cdots,u_n\}$,$V_2 = \{v_1,v_2,\cdots,v_n\}$. 其中 $M(i,j)=1$ 当且仅当 $(u_i,v_j) \in E(G)$. 于是,G 的(最小)点覆盖数 $\beta(G)$ 等于含 $M_{m \times n}$ 中元素 1 的行(第 i 行元素 1 的数目表示顶点 u_i 覆盖的边之数目)或列(第 j 列元素 1 的数目表示顶点 v_j 覆盖的边数目)的数目. 而 G 的最大匹配数 $\alpha'(G)$ 等于 $M_{m \times n}$ 中位于不同行不同列的 1 的最大数目.

由主教材定理 11.2.2 知,若 G 为二分图,则 $\alpha'(G) = \beta(G)$. 故结论成立.

9. 能否用 5 个 1×2 的长方表将主教材图 11.13 中的 10 个 1×1 正方形完全遮盖住?

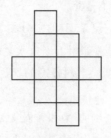

主教材图 11.13

分析 按如下方法作出 G' 图:在主教材图 11.13 的每个正方形格子中放一个顶点,u 与 v 邻接当且仅当 u 与 v 所在的方格有公共边,则该问题等价于判断相应图 G' 是否有完美匹配.

解 按照分析,构造图 G' 如下图所示. 则有 $O(G - \{u\}) = 3 > 1 = |\{u\}|$,由主教材定理 11.1.3 可判断它没有完美匹配. 因此不能用 5 个 1×2 的长方表将主教材图 11.13 中的 10 个 1×1 正方形完全遮盖住.

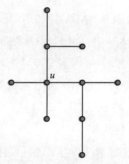

10. 证明:G 是二分图当且仅当对 G 的每个子图 H 均有 $\alpha(H) \geqslant \frac{1}{2}|V(H)|$.

分析 若 $G = (X, Y)$ 是二分图,显然 X 和 Y 都构成 G 的点独立集,所以 G 的最大独立数 $\alpha(G) \geqslant |X|$,且 $\alpha(G) \geqslant |Y|$;而二分图的每个子图显然也是二分图.

证明 必要性. 设 G 是二分图,于是 G 的任何子图 H 也是二分图,设 $H = (X, Y)$,$|X| + |Y| = |V(H)|$. 不妨设 $|X| \geqslant |Y|$. 显然 $\alpha(H) \geqslant |X|$,因此,$2\alpha(H) \geqslant 2|X| \geqslant |X| + |Y| = |V(H)|$. 于是,$\alpha(H) \geqslant \frac{1}{2}|V(H)|$.

充分性. 若 G 不是二分图,则 G 中含奇回路 C. 令 $H = C$. 显然,$\alpha(H) = \left\lfloor \frac{1}{2}|V(H)| \right\rfloor < \frac{1}{2}|V(H)|$. 矛盾. 故 G 是二分图.

11. 证明:G 是二分图当且仅当对 G 的每个适合 $\delta(H) > 0$ 的子图 H 均有 $\alpha(H) = \beta'(H)$.

分析 $\alpha(G)$ 是指 G 的最大独立集,$\beta'(G)$ 是指 G 的边覆盖数.

如果 G 是不含孤立点的二分图 (X, Y),显然 $\alpha(G) = \max\{|X|, |Y|\}$,因此如果能证明 $\beta'(H) = \max\{|X|, |Y|\}$,则对不含孤立点的二分图 G,有 $\alpha(G) = \beta'(G)$.

证明　必要性. 设 G 是二分图. $H \leqslant G, \delta(H) > 0$, 即 H 无孤立点. 显然 H 也是二分图, 设 $H = (X, Y)$, 且 $|X| \geqslant |Y|$. 于是, $\alpha(H) = |X|$. 而一条边最多覆盖一个顶点, 故 $\beta'(H) \geqslant |X|$. 但由于 H 无孤立点, 因此, $\beta'(H) \leqslant |X|$, 故 $\beta'(H) = |X| = \alpha(H)$.

充分性. 若 G 不是二分图, 则 G 含奇回路 $C = H$. 设 $|V(H)| = 2n + 1, n \geqslant 1$. 于是 $\alpha(H) = n$, 而 $\beta'(H) = n + 1 > \alpha(H)$. 矛盾. 故 G 必为二分图.

12. 设 G 是具有二划分 (X, Y) 的二分图. 证明: 若对于任何 $u \in X$ 与 $v \in Y$ 均有 $d(u) \geqslant d(v)$, 则 G 有饱和 X 中每一顶点的匹配.

分析　根据主教材定理 11.1.2, 二分图 G 有饱和 X 中每个点的匹配当且仅当对任何 $S \subseteq X$, 有 $|S| \leqslant |N_G(S)|$. 根据这个结论, 如果能说明满足条件的二分图 G 中不存在任何 $S \subseteq X$, 有 $|S| > |N_G(S)|$, 则题目得证.

证明　由题意知, 对 $\forall u \in X, d(u) \geqslant 1$.

若 G 中不存在饱和 X 的匹配, 则由 Hall 定理, 存在 $S \subseteq X$, 使 $|S| > |N_G(S)|$.

设 $S = \{u_1, u_2, \cdots, u_m\}, N_G(S) = \{v_{j_1}, v_{j_2}, \cdots, v_{j_n}\}$, 其中 $m > n$.

由对任何 $u \in X, v \in Y, d(u) \geqslant d(v)$, 得 $\sum\limits_{u \in S} d(u) \geqslant \sum d(v)$, 但由于 S 中的点关联的边都是 $N_G(S)$ 的点关联的边, 因此 $\sum d(u) \leqslant \sum d(v)$, 因此有 $\sum d(u) = \sum d(v)$, 但 $m > n$, 因此在 $N_G(S)$ 中总存在一点, 有 $d(v_{j_t}) > d(u_t)$. 矛盾. 故 G 中存在饱和 X 的匹配.

13. 证明(Hall 定理的推广): 在以 (X, Y) 为二划分的二分图 G 中, 最大匹配数 $\alpha'(G)$ 为
$$\alpha'(G) = \min\{|X - S| + |N_G(S)|\}$$

分析　由主教材定理 11.2.2 有: 如果一个图 G 是二分图, 则 $\alpha'(G) = \beta(G)$, $\alpha'(G)$ 是 G 的最大匹配数, $\beta(G)$ 是 G 的最小覆盖. 因此如果能说明 $\min\{|X - S| + |N_G(S)|\}$ 等于 $\beta(G)$, 则本题得以证明.

证明　由于 $\{X - S\} \cap N_G(S) = \varnothing$, 所以 $|X - S| + |N_G(S)| = |\{X - S\} \cup \{N_G(S)\}|$

显然 $\{X - S\} \cup \{N_G(S)\}$ 是 G 的一个覆盖, 而 G 的任意一个覆盖都可以写成 $\{X - S\} \cup \{N_G(S)\}$ 的形式, 所以 $\beta(G) = \min\{|X - S| + |N_G(S)|\}$.

因此有 $\alpha'(G) = \beta(G) = \min\{|X - S| + |N_G(S)|\}$.

14. 证明: 在无孤立点的二分图 G 中, 最大独立集的顶点集 $\alpha(G)$ 等于最小边覆盖数 $\beta'(H)$.

证明　参见第 11 题.

15. 在 9 个人的人群中, 假设有一个人认识另外两个人, 有两个人每人认识另外 4 个人, 有 4 个人认识另外 5 个人, 余下的 2 个人每人认识另外 6 个人. 证明: 有 3 个人, 他们全部互相认识.

分析　将该题中的人用图中的节点表示, 两个节点有连线当且仅当两个人认识, 则该题转化为求证满足上述条件的图 G 含有一个 K_3.

要判断一个图是否含有 K_3, 我们先要了解以下概念和定理.

$T_{2, p}$: 具有 p 个顶点的完全二分图, 如果 p 是偶数, 则该图的每一部分顶点数为 $p/2$; 如果 p 为奇数, 则该图的其中一部分顶点数为 $(p-1)/2$, 另一部分顶点数为 $(p+1)/2$.

Turan 定理(托兰定理)的推论: 若简单图 G 不含 K_3, 则 $E(G) \leqslant E(T_{2, p})$, 且当 $E(G) = E(T_{2, p})$

时,有 $G \cong T_{2,p}$.

该定理的严格内容为:若简单图 G 不含 K_{m+1},则 $E(G) \leqslant E(T_{m,p})$,且当 $E(G) = E(T_{m,p})$ 时,有 $G \cong T_{m,p}$,其中 $T_{m,p}$ 为具有 p 个顶点的完全 m 部图. 这里令 $m = 2$,只说明我们所要的结论.

按照这个定理,只需判断 $E(G) > E(T_{2,9}) = 20$ 即可.

证明

方法 1:由题意,可作一个 9 个点的图 G,各顶点度序列为 $(6,6,5,5,5,4,4,2)$. 于是有

$$q = \frac{1}{2}\sum_{i=1}^{9}d(v_i) = \frac{1}{2}(6+6+5+5+5+5+4+4+2) = 21 > E(T_{2,9}) = 4 \times 5 = 20$$

由托兰定理推论有 G 含有一个 K_3,所以 9 人中的至少有三个相互认识.

方法 2(反证法):假设 9 人中的任意三个都互不认识. 由题意,设 $d(v_0) = 6$,于是 $v_1 \sim v_6$ 中的任何两顶点互不邻接,从而 $d(v_i) \leqslant 3, i = 1,2,\cdots,6$. 因此,只有 $d(u_7) > 3$ 或 $d(u_8) > 3$ 以及 $d(v_0) > 3$. 但由题设,至少有 8 人认识 3 个以上的人,此与题意不符.

16. 设 $G(p,q)$ 是简单图,且 $q > p^2/4$,则 G 中包含三角形,请证明此结论.

分析　该题也可利用托兰定理的推论,如果能证明 $q > E(T_{2,p})$,则可判断 G 中包含三角形.

证明　当 p 为偶数时,$E(T_{2,p}) = \frac{p}{2} \times \frac{p}{2} = \frac{p^2}{4}$.

由已知条件 $E(G) = q > \frac{p^2}{4} = E(T_{2,p})$.

当 p 为奇数时,$E(T_{2,p}) = \frac{p-1}{2} \times \frac{p+1}{2} = \frac{p^2-1}{4}$.

由已知条件 $E(G) = q > p^2/4 > \frac{p^2-1}{4} = E(T_{2,p})$

由以上分析可知,当 $q > p^2/4$ 时,有 $E(G) > E(T_{2,p})$,所以 G 中包含三角形.

17. 试找出一个简单图 $G(p,q)$,使得 $q = \lfloor p^2/4 \rfloor$,但 G 不包含三角形.

分析　由于 $T_{2,p}$ 不包含三角形,且当 p 为偶数时,$q = \frac{p^2}{4} = \left\lfloor \frac{p^2}{4} \right\rfloor$;当 p 为奇数时,$q = \frac{p^2-1}{4} = \left\lfloor \frac{p^2}{4} \right\rfloor$. 所以任意的 $T_{2,p}$ 都是满足题目条件的不包含三角形的图.

解　取 $p = 4$,则 $T_{2,4}$ 如下图所示.

18. 将 K_{13} 的边着蓝色并加粗或只着蓝色,使其中既没有三边蓝色粗线的 K_3,也没有 10 条边全着蓝色的 K_5.

分析　如主教材图 11.11 所示,将图中不邻接的两顶点之间用蓝色的边连接,将邻接的两顶点之间的边着成蓝色并加粗,即满足题要求.

解　着色结果如下图所示.

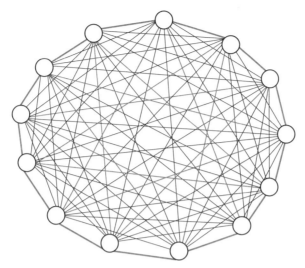

19. 设 $m = \min\{k,l\}$，求证 $r(k,l) \geqslant 2^{m/2}$.

分析　$r(k,l)$ 是指包含 k 团或 l 独立集的顶点数最少的图的顶点数. 显然，如果定 $m = \min\{k,l\}$，$r(k,l) \geqslant r(m,m)$. 由主教材定理 11.3.3 当 $m \geqslant 2$ 时，$r(m,m) \geqslant 2^{m/2}$.

证明　因为
$$r(k,l) \geqslant r(m,m) \geqslant 2^{m/2}$$
所以 $r(k,l) \geqslant 2^{m/2}$，$m = \min\{k,l\}$.

20. 证明：当 $k \geqslant 3$ 时，$r(k,k) > k \cdot 2^{\frac{k}{2}-2}$.

分析　此结论的证明可仿照主教材定理 11.3.3 的方法. 令 $p \leqslant k \cdot 2^{\frac{k}{2}-2}$，如果能证明 Y_p 中只有不到半数的图含有 k 团，同时 Y_p 中也只有不到半数的图含有 k 独立集. 于是 Y_p 中必存在某个图它既不含有 k 团，也不含 k 独立集，由于这个结论对任意 $p \leqslant k \cdot 2^{\frac{k}{2}-2}$ 的图都成立，因此 $r(k,k) > k \cdot 2^{\frac{k}{2}-2}$.

证明　在主教材定理 11.3.3 的证明中，取 $p \leqslant k \cdot 2^{\frac{k}{2}-2}$. 于是
$$\frac{|Y_p^k|}{|Y_p|} \leqslant \binom{p}{k} 2^{-\binom{k}{2}} < \frac{p^k 2^{-\binom{k}{2}}}{k!} \leqslant \frac{k^k 2^{-\frac{3}{2}k}}{k!}$$

令 $r_k = k^k 2^{-3k/2}/k!$，则
$$\frac{r_k}{r_{k+1}} = \left(\frac{k}{k+1}\right)^k \cdot 2^{\frac{3}{2}} = \frac{2^{\frac{3}{2}}}{\left(1+\frac{1}{k}\right)^k} > \frac{2^{\frac{3}{2}}}{e} = \frac{2.828}{2.718} > 1$$

又 $r_3 < \dfrac{1}{2}$，故对于一切 $k \geqslant 3$，$l_k < \dfrac{1}{2}$，于是 $\dfrac{|Y_p^k|}{|Y_p|} < \dfrac{1}{2}$.

仿主教材定理 11.3.3 之证明，即得 $r(k,k) > k \cdot 2^{\frac{k}{2}-2}$.

21. 在匈牙利算法的第 (3) 步中，假如 y 是非 M-饱和的，如何得到一条从 u 到 y 的 M-可增广路？

分析　由二分图的定义及增广路径的定义，可知二分图中的增广路径具有如下性质：

(1) 起点和终点都是非 M-饱和点，而其他各点都是 M-饱和点.

(2) 整条路径上没有重复的点.

(3) 路径上总共有奇数条边，且所有第奇数条边都不在 M 中，所有第偶数条边都在 M 中.

(4)把增广路径上的所有第奇数条边加入到原匹配中去，并把增广路径中的所有第偶数条边从原匹配中删除(这个操作称为增广路径的取反)，则新的匹配数就比原匹配数增加了1个.

解 根据以上分析，可得到求从 u 到非 M 饱和点 y 的 M-可增广路径的算法如下：

for $i = 0$ to n

$\{\mathrm{pre}(v_i) = \mathrm{null}$

$\mathrm{succ}(v_i) = \mathrm{null}\}$

$d(u) = 0, d(v_i) = \infty$

//初始置每个顶点的前导和后继顶点为 null，u 与 u 的距离为0，其他点与 u 的距离为 ∞

$S = \{u\}$ //以 u 为初始顶点构造所有的 M-交错路，直到顶点 y 在某条交错路上为止

while(y 不属于 S)｛

    任取 S 中的顶点 v，

      if succ(v) = null

        for 每个与 v 邻接的顶点 w｛

          if(w 是 M – 饱和点并且 pre(w) $\neq$ null)｛$d(w) = d(v) + 1$｝

          if($d(w)$ 是奇数并且 vw 不属于 M)或者($d(w)$ 是偶数并且 vw 属于 M)

          ｛succ(v) $\neq$ null，pre(w) = v，$S = S \cup \{W\}$｝

        ｝

    ｝//结束 while 循环找到了一条从 u 到 y 的 M-可增广路

算法结束以后得到一条路径 $P = y \rightarrow \mathrm{pre}(y) \rightarrow \mathrm{pre}(\mathrm{pre}(y)) \rightarrow \cdots \rightarrow u$，则 P-即为一条从 u 到 y 的 M-可增广路径.

22. 说明在匈牙利算法的第(3)步中，执行 $M := M \oplus E(P)$ 后，所得到的 M 仍是 G 的一个匹配.

解 因为 P 是一条 M 可增广路，所以 $M \oplus E(P)$ 可以看作在 P 上保留第奇数条边、去掉第偶数条得到的一个边集，显然 P 的所有偶数条边是没有公共顶点的，所以 $M \oplus E(P)$ 仍是 G 的一个匹配.

23. 在主教材图 11.12 中，将边 $x_3 y_4$ 去掉，利用匈牙利算法求所得二分图的完美匹配. 若不存在，则给出使 $|N_G(S)| < |S|$ 成立的 S.

分析 按照匈牙利算法可得如下去掉边 $x_3 y_4$ 以后求其完美匹配的过程.

解 取初始匹配 $M = \{x_1 y_2, x_2 y_1, x_3 y_3, x_5 y_5\}$.

(1)X 中存在非饱和点，令 $S = \{x_4\}, T = \varnothing$.

(2)$N_G(S) = \{y_2, y_3\} \neq T$，取 $y_2 \in N_G(S) - T$.

(3)y_2 是 M-饱和点，$x_1 y_2 \in M$，令 $S = \{x_1, x_4\}, T = \{y_2\}$.

(4)$N_G(S) = \{y_2, y_3\} \neq T$，取 $y_3 \in N_G(S) - T$.

(5)y_3 是 M-饱和点，$x_3 y_3 \in M$，令 $S = \{x_1, x_3, x_4\}, N_G(S) = \{y_2, y_3\}$.

有 $|N_G(S)| = 2 < |S| = 3$ 算法结束，图中没有完美匹配.

24. 将匈牙利算法稍加修改，使之能用来求二分图中的最大匹配.

分析 注意到匈牙利算法在一个 M-不饱和点 u 的交错树上出现 $|N(S)| < |S|$ 时，根据 Hall 定理知不存在饱和 X 的匹配而停止. 但当求其最大匹配时，应继续先判断 $X - S = \varnothing$ 是否成立？若

不成立,再判断 $X-S$ 还是否存在其他 M-不饱和点. 一直到所有不饱和点都找不到 M-增广路时,才得到最大匹配. 根据这一想法,可修改匈牙利算法以求二分图的最大匹配.

解 算法如下:

(1)置 $S=\phi, T=\varnothing$.

(2)若 $X-S$ 已 M-饱和,则停止;否则,设 u 是 $X-S$ 中的一个 M-不饱和点,置 $S=S\cup\{u\}$.

(3)若 $N(S)=T$,转(5),否则设 $y\in N(S)-T$.

(4)若 y 是 M-饱和的,设 $yz\in M$,用 $S\cup\{z\}$ 代替 S,$T\cup\{y\}$ 代替 T,转(3);否则,$\exists(u,y)$-交错路是 M-增广路 P,用 $M'=M\oplus E(P)$ 代替 M,转(1).

(5)若 $X-S=\varnothing$ 则停,否则,转(2).

第 *12* 章 图 的 着 色

1. 证明:若 G 是简单图,则 $\chi(G) \geq p^2/(p^2-2q)$.

分析 $\chi(G)$ 指 G 的点色数,显然如果 $\chi(G)=k$,则 G 的顶点集可以划分为 k 个独立集. 设每个独立集的顶点数为 p_i,则 $\sum\limits_{i=1}^{k} p_i = p$,由柯西-施瓦兹不等式有 $\sum\limits_{i=1}^{k} p_i^2 \geq \dfrac{P^2}{k}$.

且由于每个独立集中的任意两个点不邻接,所以第 i 个独立集中任何一点的度不会大于 $p-p_i$,本题的关键是利用这两个结论.

证明 设 $x(G)=k$,则 G 由 k 个独立集 $V_1,V_2,\cdots V_k$. 设 $|V_i|=p_1,i=1,2,\cdots,k$.

因为 $\sum\limits_{i=1}^{k} p_i^2 \geq \dfrac{\left(\sum\limits_{i=1}^{k} p_i\right)^2}{k} = \dfrac{p^2}{k}$(柯西-施瓦兹不等式),且 V_i 每个顶点最多与其他 $p-p_i$ 个顶点相邻,而

$$2q = \sum_{i=1}^{p} d(v_i) \leq \sum_{i=1}^{k} p_i(p-p_i) = p\sum_{i=1}^{k} p_i - \sum_{i=1}^{k} p_i^2 = p^2 - \sum_{i=1}^{k} p_i^2 \leq p^2 - \frac{p_2}{k}$$

从而 $p^2-2q \geq \dfrac{p^2}{k}$,即 $k \geq \dfrac{p^2}{p^2-2q}$. 故 $x(G) \geq p^2/(p^2-2q)$.

2. $\chi(G)=k$ 的临界图 G 称为 k 临界图. 证明:唯一的 1 临界图是 K_1,唯一的 2 临界图是 K_2,仅有的 3 临界图是长度为奇数 $k \geq 3$ 的回路.

分析 若 G 的每个点都是临界点,则 G 称为临界图.

由于 1 色图是零图,因此 1 临界图仅能是 K_1;2 色图是 2 部图,因此 2 临界图仅能是 K_2;3 色图恒含奇圈,且奇圈至少是 3 色才能正常着色,因此 3 临界图仅能是长度为奇数 $k \geq 3$ 的回路.

证明 (1)$\chi(K_1)=1$,且 $\chi(K_1-v)=0<1$,故 K_1 是 1 临界图;反之,G 是 1 临界图,若 $|V(G)|>1$,则 G 是零图 $\chi(G-v)=1$,所以 $|V(G)|=1$,从而 G 是平凡图 K_1.

(2)$\chi(K_2)=2$,且 $\forall v \in V(K_2)$,$\chi(K_2-v)=1$,故 K_2 是 2 临界图;反之,G 是 2 临界图,即 $\chi(G)=2$,于是 G 的顶点可划分为两个极大独立集 V_1 和 V_2,若 $|V_1|>1$,则 $\forall v \in V_1 \subseteq V(G)$,$\chi(G-v)=2=\chi(G)$,与 G 是临界图矛盾,因此 $|V_1|=1$,同理 $|V_2|=1$. 因此 $G=K_2$.

(3)因为不含奇回路的图是二分图($\chi(G)=2$),故 3 色图必含奇回路. 显然,奇回路必是 3 临界图. 设 G 是含奇回路的 3 临界图. 若 G 不是奇回路,则可分两种情况讨论:

(i)G 的奇回路 C 上存在两顶点 u,v,使 $uv \in E(G)$,且 $d(u) \geq 3$,$d(v) \geq 3$.

于是,任何不在 C 上的顶点 w,有 $x(G)=3=x(G-w)$,此与 G 是 3 临界图矛盾.

(ii)G 的奇回路 C 之外至少有顶点 u 与 C 上的某顶点邻接,于是 $x(G)=3=x(G-u)$,此与 G 是临界图矛盾。故 G 必是奇回路.

3. 试确定 Petersen 图的色数. 该图是临界图吗?

分析　根据主教材定理 12.1.5 知,若连通图 G 既不是奇回路,也不是完全图,则 $\chi(G) \leq \Delta(G)$.

而 Petersen 图的最大度 $\Delta(G) = 3$,所以 $\chi(G) \leq 3$. 显然 $2 \leq \chi(G)$. 因此 Petersen 图的 $2 \leq \chi(G) \leq 3$. 临界图是任何顶点都是临界点的图,即对任何顶点 $v \in V(G)$,有 $\chi(G - v) < \chi(G)$.

解　已知 $2 \leq \chi(G) \leq 3$. 又 G 含奇回路,故 $\chi(G) = 3$. 任取 G 中不在奇回路上的顶点 u,有 $\chi(G - u) = \chi(G) = 3$,故 petersen 图不是临界图.

4. 对 $p = 4$ 及所有的 $p \geq 6$,试作出 p 个顶点的 4 临界图.

分析　对 $p \geq 4$ 的偶数,显然回路 C_{p-1} 是 3 临界图. 在 C_{p-1} 的基础上,添加一个顶点 v,使得 v 与 C_{p-1} 中的所有顶点都邻接,则 $C_{p-1} + v$ 是 4 色的,且是临界图.

当 p 为大于 6 的奇数时,可利用如下结论求出相应的 G. 设 G_1 和 G_2 为恰有一个公共顶点 v 的两个 k 临界图,vv_1 和 vv_2 分别是 G_1 和 G_2 的边,则有 $(G_1 - vv_1) \cup (G_2 - vv_2) + v_1 v_2$ 是 k 临界图. 这样对 $p \geq 7$ 的奇数,存在两个大于等于 4 的偶数 p_1 和 p_2,使得 $p + 1 = p_1 + p_2$,因为 $G_1 = C_{p_1 - 1} + v$ 和 $G_2 = C_{p_2 - 1} + v$ 都是 4 临界图,找出其中的公共点 v,有 $(G_1 - vv_1) \cup (G_2 - vv_2) + v_1 v_2$ 是 4 临界的.

解　(1)当 $p = 4$ 时,有 $C_3 + v = K_4$ 是 4 临界图.

(2)当 $p \geq 6$ 时,分下述两种情况讨论:

(i)p 为偶数,则 $C_{p-1} + v$ 是 4 临界图,如下图所示.

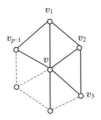

(ii)p 为奇数,则定 $G_1 = K_4$,$G_2 = C_{p-6} + v$,则有 G_1 和 G_2 都是 4 色的.

显然 $|V(G_1)| + |V(G_2)| = 4 + p - 6 + 1 = p - 1$. 再构造一个顶点 v,使得 v 仅与 G_1 中的两顶点 v_1 和 v_2 邻接,与 G_2 的两顶点 u_1 和 u_2 邻接. 显然 v 是 G_1 和 G_2 的唯一公共点. 如下图所示,则图 $G = (G_1 - vv_1) \cup (G_2 - vu_1) + v_1 u_1$ 是具有 p 个顶点的 4 临界图.

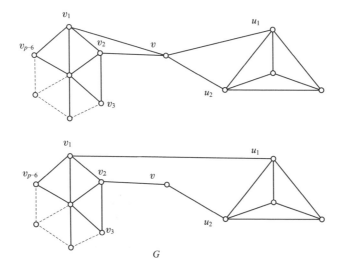

G

当 $k \geqslant 3$，设 G_1 和 G_2 为恰有一个公共顶点 v 的两个 k-临界图，vv_1 和 vv_2 分别是 G_1 和 G_2 的边，证明 $(G_1 - vv_1) \cup (G_2 - vv_2) + v_1v_2$ 是 k 临界图.

令 $G = (G_1 - vv_1) \cup (G_2 - vv_2) + v_1v_2$.

由于 G_1 和 G_2 是 k 临界图，从而 $\chi(G_1 - vv_1) = k - 1$，$\chi(G_2 - vv_2) = k - 1$，分别用 $1, 2, \cdots, k-1$ 色对 $G_1 - vv_1, G_2 - vv_2$ 进行正常 $(k-1)$ 着色，且使 v 在两图中均着 1 色，显然 v_1, v_2 也必须着的是 1 色，否则 G_1 或 G_2 则成为 $k-1$ 色图，这和 G_1, G_2 是 k 临界图矛盾. 现将 v_1 改着 k 色，得 G 的一个 k 着色，故 $\chi(G) \leqslant k$.

又若 $\chi(G) < k$，则 G 有一个 $(k-1)$ 着色，其中 v_1, v_2 必着不同色，于是 v 必与 v_1（或 v_2）不同色，这与 $\chi(G_i) = k$ 矛盾. 故 $\chi(G) = k$.

若 $e = v_1v_2$，显然由上述讨论知 $\chi(G - e) = k - 1 < \chi(G)$. 若 $e \in G_1, e \neq vv_1$（$e \in G_2, e \neq vv_2$ 类似讨论.），分别用 $1, 2, \cdots, k-1$ 色对 $G_1 - e$、$G_2 - vv_2$ 进行正常着色，且使 v 在两图中均着 1 色，v_1 着 2 色，于是 v_2 必然着 1 色. 两图的着色合起来的着色即为 $G - e$ 的 $(k-1)$ 正常着色，故 $\chi(G - e) \leqslant k - 1 < \chi(G)$. 所以对 G 中任意一边 e，均有 $\chi(G - e) < \chi(G)$. 从而有对 G 的任一顶点 v，$\chi(G - v) < \chi(G)$，所以 G 是 k 临界图.

5. 证明：若 $G(p, q)$ 是第一类图，则 $q \leqslant \Delta(G) \left\lfloor \dfrac{p}{2} \right\rfloor$.

分析 一个图 G 是第一类图，则 $x'(G) = \Delta(G)$，并且当 $x'(G) = k$ 时，G 的所有边可划分为 k 个匹配.

证明 设 $G(p, q)$ 是第一类图，于是有 $x'(G) = \Delta(G)$，从而，$E(G)$ 可以划分成 $\Delta(G)$ 个匹配，而一个匹配最多有 $\left\lfloor \dfrac{p}{2} \right\rfloor$ 条边. 因此，$q \leqslant \Delta(G) \left\lfloor \dfrac{p}{2} \right\rfloor$.

6. 证明：奇数阶完全图 K_{2n+1} 属于第二类图.

分析 根据第 5 题的结论，若 $G(p, q)$ 是第一类图，则 $q \leqslant \Delta(G) \left\lfloor \dfrac{p}{2} \right\rfloor$. 因此只需证明 K_{2n+1} 的边数 q 和顶点数 p 不满足上述结论即可.

证明 因为 $\Delta(K_{2n+1}) = 2n$，$q = \dfrac{1}{2}(2n+1) \cdot 2n = 2n^2 + n$，所以 $q = 2n^2 + n > 2n^2 = 2n \cdot n = \Delta(K_{2n+1}) \cdot \left\lfloor \dfrac{2n+1}{2} \right\rfloor$，即 $q > \Delta(G) \left\lfloor \dfrac{p}{2} \right\rfloor$，由第 5 题知，$K_{2n+1}$ 是第二类图.

7. 求 Petersen 图的边色数.

分析 由 Petersen 图可知 $\Delta(G) = 3$，$p = 10$，$q = 15$，得 $q = \Delta(G) \cdot \left\lfloor \dfrac{p}{2} \right\rfloor$. 满足 $q \leqslant \Delta(G) \left\lfloor \dfrac{p}{2} \right\rfloor$，但由第 5 题结论知 $q \leqslant \Delta(G) \left\lfloor \dfrac{p}{2} \right\rfloor$ 只是图 G 是第一类图的必要条件，而非充分条件. 所以不能据此判断 Petersen 图是第一类图，当然更不能据此判断它是第二类图. 因此不能利用第 5 题的结论来求 Petersen 图的边色数. 但由主教材定理 12.2.1 知任何图 G，满足 $\Delta(G) \leqslant x'(G) \leqslant \Delta(G) + 1$. 由此结论可求出 Petersen 图的边色数.

解 由定理知 $\chi'(G) \leqslant \Delta(G) + 1 = 4$，下证 $x'(G) \geqslant 4$.

对 Petersen 图,先考虑其中包含的回路 $abcdea = c_1$,因为 $|c_1| = 5$(奇数),所以至少要用 3 种颜色.

由对称性可考虑 3 种颜色的任一种方案,如下图所示. 于是连接内外两个回路的五条边(af, bg, ch, di, ej)也就随之确定了它们的颜色. 从而必有 if 着 α 色,而 $f\text{-}h$ 不能着 α,β 和 γ. 故只有这颜色 δ 所以 $\chi'(G) \geqslant 4$,从而有 $\chi'(G) = 4$.

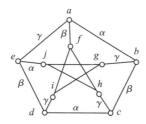

8. 证明:若 G 是奇数阶正则简单图,且 $q(G) > 0$. 则 $\chi'(G) = \Delta(G) + 1$.

分析　根据第 5 题的结论,有 $q \leqslant \Delta(G) \left\lfloor \dfrac{p}{2} \right\rfloor$ 是第一类图的必要条件,因此如果能证明奇数阶

正则简单图满足 $q > \Delta(G) \cdot \left\lfloor \dfrac{p}{2} \right\rfloor$,则 G 是第二类图,从而有 $\chi'(G) = \Delta(G) + 1$.

证明　设 $G(p,q)$ 是 $p = 2n + 1 (n \geqslant 1)$ 的 $\Delta(G)$ 正则图,于是

$$q = \Delta(G) \cdot \frac{p}{2} > \Delta(G) \cdot \left\lfloor \frac{p}{2} \right\rfloor (p \text{ 是奇数})$$

由第 5 题知,G 是第二类图. 故 $\chi'(G) = \Delta(G) + 1$.

9. 证明:若 G 是二分图,且 $\delta(G) > 0$,则有一个 $\delta(G)$ 边着色,使得所有 $\delta(G)$ 种颜色都在每一个顶点上出现.

分析　由引理 12.2.2 设 α 是图 G 的一个最优 k 边着色,若存在 G 中的一个顶点 u 及两种颜色 i 和 j,使得 i 不在 u 上出现,而 j 至少在 u 上出现两次,令 E_i 和 E_j 分别是以 i 和 j 着色的边集合,则 $G[E_i \cup E_j]$ 中含有 u 的分支 B 是一条长度为奇数的回路.

利用这个结论,如果能证明不满足题目结论的 G 含有一个奇回路,则由于二分图不含奇回路,因此 G 不是二分图,与已知 G 是二分图矛盾. 本题使用反证法.

证明　假设结论不成立,则对 G 存在一个最优的 $\delta(G)$ 边着色和一个顶点 $v \in V$,满足 $d_G(v) > C(v)$($C(v)$ 表示在 v 上出现的不同颜色的数目). 显然 v 满足引理 12.2.2 的条件,故由引理 12.2.2 知,在 G 中存在一个含有 v 的奇回路,这和 G 是二分图矛盾. 所以结论成立.

10. 计算主教材图 12.6 中的色多项式.

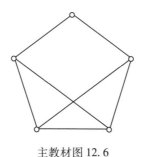

主教材图 12.6

分析　由主教材定理 12.3.1 及推论 12.3.1 知,对任何图 G,当相对于完全图其变数较少时,可以利用 $f(G,t) = f(G-e,t) - f(G\circ e,t)$ 求其色多项式;当相对于完全图其变数较多时,可以利用 $f(G,t) = f(G+e,t) + f(G\circ e,t)$ 求其色多项式.

解　(1)

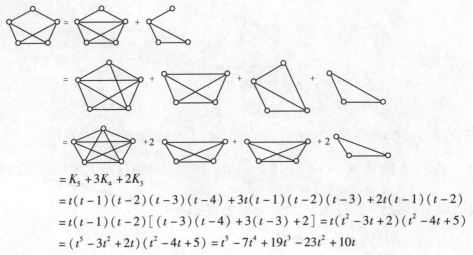

$= K_5 + 3K_4 + 2K_3$

$= t(t-1)(t-2)(t-3)(t-4) + 3t(t-1)(t-2)(t-3) + 2t(t-1)(t-2)$

$= t(t-1)(t-2)[(t-3)(t-4) + 3(t-3) + 2] = t(t^2-3t+2)(t^2-4t+5)$

$= (t^5 - 3t^2 + 2t)(t^2 - 4t + 5) = t^5 - 7t^4 + 19t^3 - 23t^2 + 10t$

因为 $f(G,2) = 2^5 - 7\times 2^4 + 19\times 2^3 - 23\times 2^2 + 2\times 1 = 204 - 204 = 0$, $f(G,3) > 0$,

所以 $\chi(G) = 3$.

事实上, $f(G,3) = 3(81 - 189 + 171 - 69 + 10) = 12$.

11. 证明: $t^4 - 3t^3 + 3t^2$ 不是任何图的色多项式.

分析　根据主教材定理 12.3.2 和定理 12.3.4,可判断 $t^4 - 3t^3 + 3t^2$ 不是任何图的色多项式.

证明　设 $f(G,t) = t^4 - 3t^3 + 3t^2$,由定理知,$G$ 有 3 条边,4 个顶点. 于是 G 或者是树,或者是有两个分支的图,$K_1 \cup K_3$,如下图所示. 若 G 是树,则 $f(G,t) = t(t-1)^3$;若 $G = K_1 \cup K_3$,则 $f(G,t) = t^2(t-1)(t-2)$. 可验证,不论哪种情况,均有 $f(G,t) \neq t^4 - 3t^3 + 3t^2$.

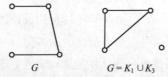

G 　　　　$G = K_1 \cup K_3$

另证　设 $f(G,t) = t^4 - 3t^3 + 3t^2$,因为 $f(G,1) = 1$. 所以 $G = \overline{K}_p (p=4)$,但 $f(\overline{K}_4,t) = t^4 \neq t^4 - 3t^3 + 3t^2$.

12. 证明主教材定理 12.3.6.

分析　主教材定理 12.3.6 描述了具有 $p(p\geq 3)$ 个顶点的回路 C_p 的色多项式等于 $(t-1)^p + (-1)^p(t-1)$.

定理主教材 12.3.1 给出了一个图 G 的按边递减的色多项式的求法.

而主教材定理 12.3.5 定义了 p 阶树的色多项式 $f(T,t) = t(t-1)^{p-1}$.

利用这两个结论可证明主教材定理 12.3.6. 本题使用了递归证明法.

证明　当 $p=3$ 时,C_3 是一个三角形 K_3. 而 $f(K_3,t) = t(t-1)(t-2) = (t-1)(t^2-2t) = (t-1)^3 - (t-1)$,满足结论.

假设 $p < n$ 时,C_p 的色多项式 $f(C_p,t) = (t-1)^p + (-1)^p(t-1)$.

当 $p=n$ 时,任选 C_p 的一条边 e,显然 C_p-e 是一棵具有 p 个顶点的树.

由主教材定理12.3.5有 $f(C_p-e,t)=t(t-1)^{p-1}$,而 $C_p\circ e$ 是一个具有 $p-1$ 个顶点的回路,根据假设,有

$$f(C_p\circ e,t)=(t-1)^{p-1}+(-1)^{p-1}(t-1).$$

再由主教材定理12.3.1,有

$$f(C_p,t)=f(C_p-e,t)-f(C_p\circ e,t)=t(t-1)^{p-1}-(t-1)^{p-1}-(-1)^{p-1}(t-1)$$
$$=(t-1)^{p-1}\times(t-1)+(-1)^p(t-1)$$
$$=(t-1)^p+(-1)^p(t-1)$$

因此,对任何 $p\geqslant3$ 的回路 C_p,其色多项式 $f(C_p,t)=(t-1)^p+(-1)^p(t-1)$.

13. 举例说明下面的论断不正确:图 G 是连通二分图当且仅当 G 的色多项式中一次项的系数的绝对值为1.

分析　由主教材定理12.3.6有:当 $p\geqslant3$,C_p 的色多项式 $f(C_p,t)=(t-1)^p+(-1)^p(t-1)$.

显然当 p 为偶数时,C_p 是连通的二分图,但 $(t-1)^p+(-1)^p(t-1)$ 中一次项的系数的绝对值不一定为1,如当 $p=4$ 时,如右图所示.

解　设 G 是一条回路 C_4,则

$$f(G,t)=(t-1)^4+(-1)^4(t-1)$$
$$=t^4-4t^3+6t^2-4t+1+t-1$$
$$=t^4-4t^3+6t^2-3t$$

显然 $|-3|=3\neq1$.

14. 证明:$f(G,t)$ 没有大于 p 的实根. 其中,p 是 G 的顶点数.

分析　$f(G,t)$ 中的 t 表示图 G 的不同的最多 t 色的正常着色的数目. 由该定义知道,若 $t<\chi(G)$,则 $f(G,t)=0$;而当 $t\geqslant\chi(G)$ 时,$f(G,t)>0$,所以 $f(G,t)$ 的实根,实际上是求满足 $f(G,t)=0$ 时的 t 的值. 显然此时 $t<\chi(G)\leqslant p$.

证明　因为 $\chi(G)\leqslant p$ 所以由 $f(G,t)$ 之定义知,当 $t>p$ 时,$f(G,t)\neq0$. 所以 $f(G,t)$ 没有大于 p 的实根.

15. 求 $K_{2,m}$ 的色多项式.

分析　设 $K_{2,m}=(X,Y)$,$|X|=2$,$|Y|=m$.

(1)当 X 中的顶点全是同一色时共有 t 种方法. 而 Y 中的顶点共有 $(t-1)^m$ 种方法,故共有 $t(t-1)^m$ 种方法.

(2)当 X 中的两个顶点着不同色时. 共有 $t(t-1)$ 种着法,而 Y 中的顶点共有 $(t-2)^m$ 种着法,故共有 $t(t-1)(t-2)^m$ 种着法.

解　由以上分析可知 $K_{2,m}$ 的色多项式 $f(K_{2,m},t)=t(t-1)^m+t(t-1)(t-2)^m$,如下图所示.

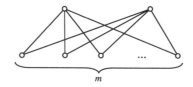

第 *13* 章 平 面 图

1. 设 $p \geqslant 11$，证明任何 p 阶图 G 与其补图 $\overline{G}$ 总有一个是不可平面图.

分析 G 与 $\overline{G}$ 是两个互补的图，根据互补的定义，互补的图有相同的顶点数，且 G 的边数与 $\overline{G}$ 的边数之和等于完全图的边数 $p(p-1)/2$；而由推论 13.2.2，有任何简单平面图 G，其顶点数 p 和边数 q 满足 $q \leqslant 3p - 6$.

证明 若 $G(p,q)$ 与 $\overline{G}(p',q')$ 均是可平面图，则

$$q \leqslant 3p - 6 \qquad \qquad ①$$
$$q' \leqslant 3p' - 6 \qquad \qquad ②$$

但 $p' = p$，$q' = \dfrac{1}{2}p(p-1) - q$. $\qquad \qquad ③$

将式③代入式②有 $\qquad \dfrac{1}{2}p(p-1) - q \leqslant 3p - 6$

整理后得 $p^2 - 7p + 12 \leqslant 2q$.

又由式①有

$$p^2 - 7p + 12 \leqslant 2(3p - 6)$$

即 $\qquad\qquad\qquad\qquad\qquad p^2 - 13p + 24 \leqslant 0$

也即 $\qquad\qquad \dfrac{13 - \sqrt{13^2 - 4 \times 24}}{2} \leqslant p \leqslant \dfrac{13 + \sqrt{13^2 - 4 \times 24}}{2}$

得 $\qquad\qquad\qquad \dfrac{13 - \sqrt{73}}{2} \leqslant p \leqslant \dfrac{13 + \sqrt{73}}{2}$

得 $2 < p < 11$，此与 $p \geqslant 11$ 矛盾.

因此任何 p 阶图 G 与 $\overline{G}$ 不可能两个都是可平面图，从而 G 与 $\overline{G}$ 总有一个是不可平面图.

2. 证明或者否定：两个 p 阶极大简单平面图必同构.

分析 极大平面图是指添加任何一条边以后不构成平面图的平面图；两个 p 阶极大简单平面图不一定同构.

解 令 $p = 6$，三个 6 阶极大简单平面图 G_1，G_2，G_3 如下图所示.

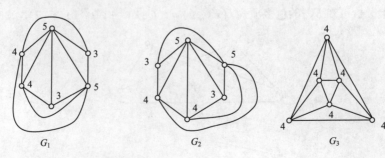

$\qquad\qquad\quad G_1 \qquad\qquad\qquad\qquad\qquad G_2 \qquad\qquad\qquad\qquad\qquad G_3$

顶点上标的数字表示该顶点的度,但显然不同构.

3. 找出一个 8 阶简单平面 G,使得 G 的补图 $\overline{G}$ 也是平面图.

分析　由第 1 题证明过程可知,当 $p<11$ 时,G 和 $\overline{G}$ 可以同时为平面图.

解　如下图所示平面图 G,显然其补图也是平面图.

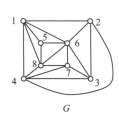 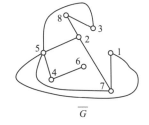

4. 证明或者否定:每个极大平面图是 H 图.

分析　极大平面图是指添加任何一条边以后不构成平面图的平面图;而 H 图是存在一个 H 回路的图,即存在一条经过图中每一个顶点一次且仅一次的回路.由主教材定理 13.1.2 知极大平面图的每个面都是三角形,因此 G 中必存在回路,利用最长回路的性质使用反证法可证明每个极大平面图都是 H 图.

证明　设 G 是极大平面而不是 H 图.显然 G 必连通且有回路.

设 c 是 G 中最长的回路 $c=uv_1v_2\cdots v_nu$,如右图所示.由假设,存在 $w\in v(G)$ 不在 c 上且 w 与 c 上 v_i 和 v_{i+1} 构成一个三方形,于是

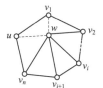

$$c'=v_iwv_{i+1}\cdots v_nv_1v_2\cdots v_i=uv_1\cdots v_iwv_{i+1}\cdots v_nu$$

从而 $|c'|>|c|$.矛盾,故 G 是 H 图.

5. 证明:若平面图 G 的每个平面都是三角形 K_3,则 G 是极大平面图.

分析　极大平面图是指添加任何一条边以后不构成平面图的平面图;利用这个定义使用反证法可证明本题.

证明　设平面图 G 的每个平面都是 K_3,若 G 不是极大平面图.则 G 中存在 $u,v\in V(G)$,使得 $uv\notin E(G)$,且 $G+uv$ 仍为平面图.

设 uv 是 $G+uv$ 中两个平面 f_i 和 f_j 的公共边界.于是,G 中 f_i 与 f_j 的平面是一个平面 f_k,显然 $d(f_k)>3$,由此与 G 的每个平面都是 K_3 矛盾.

6. 设 $G(p,q,r)$ 是有 k 个分支的平面图,证明:$p-q+r=k+1$.

分析　由欧拉公式任何简单连通平面图 $G(p,q,r)$ 均满足 $p-q+r=2$,对 G 的 k 个连通利用归纳法使用该结论可证明本题.

证明　当 $k=1$ 时,即欧拉公式,下设 $k\geqslant2$,G 有 k 个分支.$G_1(p_1,q_1,r_1),\cdots,G_k(p_k,q_k,r_k)$.由欧拉公式有 $p_i-q_i+r_i=2$;但 $\sum_{i=1}^{k}p_i=p,\ \sum_{i=1}^{k}q_i=q,\ \sum_{i=1}^{k}r_i=r+k-1$.故 $p-q+r+k-1=2k$,即 $p-q+r=k+1$.

7. 证明:K_5-e 是平面图,其中 $e\in E(K_5)$.

分析　由于 K_5 的对称性,只需考虑其中的一条边 e,验证 K_5-e 是可平面图即可.

证明　任选 K_5 的某条边 e，则 $K_5 - e$ 如下图所示，显然这是一个平面图.

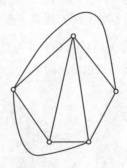

8. 证明：$K_{3,3} - e$ 是平面图，其中 $e \in E(K_{3,3})$.

分析　仿照第 7 题，由于 $K_{3,3}$ 的对称性，因此也只需考虑其中的一条边 e，验证 $K_{3,3} - e$ 是可平面图即可.

证明　任选 $K_{3,3}$ 的某条边 e，则 $K_{3,3} - e$ 如下图所示，显然是一个平面图.

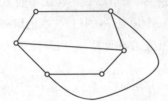

9. 一个图的围长是图中最短回路之长度，若图中无回路，则围长定义为无穷大. 证明：如果 $G(p,q,r)$ 是连通平面图，围长 $g \geq 3$ 且有限，则 $q \leq g(p-2)/(g-2)$.

分析　由主教材定理 13.1.1 对任何平面图 $G(p,q,r)$，满足 $\sum_{i=1}^{r} d(f_i) = 2q$. 又由于 G 是简单连通图，因此还满足欧拉公式 $p - q + r = 2$. 利用这两个结论可证明本题.

证明　由于 G 的围长为 g，故 $d(f_i) \geq g$，由主教材定理 13.1.1 知 $gr \leq \sum_{i=1}^{r} d(f_i) = 2q$，可以得到 $r \leq 2q/g$. 将它代入欧拉公式就可以得到 $q \leq g(p-2)/(g-2)$.

10. 利用第 9 题证明 Peterson 图是不可平面图.

分析　Petersen 图中，$g=5$，$p=10$，$q=15$，比较 q 和 $g(p-2)/(g-2)$，将会发现不满足条件 $q \geq g(p-2)/(g-2)$，因此 Peterson 图是不可平面图.

证明　Petersen 图中顶点数 $p=10$，边数 $q=15$，围长 $g=5$，$g(p-2)/(g-2)=5(10-2)/(5-2)=40/3<15=q$. 不满足第 9 题的结论，所以 Peterson 图是不可平面图.

11. 主教材图 13.11 是可平面图吗？若是，则请给出平面嵌入，否则说明它是一个包含 K_5 或 $K_{3,3}$ 的剖分图.

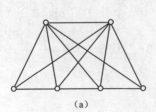
（a）

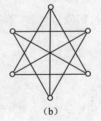
（b）

主教材图 13.11

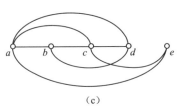 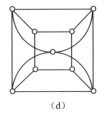

（c）　　　　　　　　　　　　　（d）

主教材图 13.11（续）

分析　存在一个平面嵌入的图是可平面图,因此利用这个定义如果能找到 G 的一个平面嵌入,则可以判断这个图是可平面图. 再由主教材定理 13.3.1,一个图是可平面图的充分必要条件是该图不包含一个 K_5 或 $K_{3,3}$ 的剖分图,利用这个定理如果能找到一个图的 K_5 或 $K_{3,3}$ 的剖分图,则该图不是可平面图.

解　这四个图均是平面图,其平面嵌入分别如下图所示.

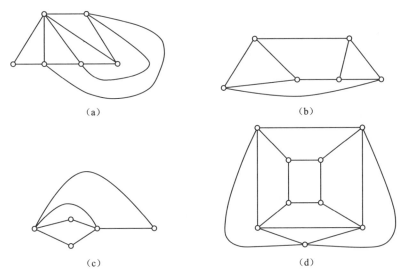

12. 平面 M 上有 n 条直线将平面 M 分成若干区域,为了使相互邻接的区域着不同的颜色,最少需要几种颜色?

分析　先将 r 个区域编成号,如下图（a）所示.

将直线的交点看作图的顶点,所有无限区域的两条无限边都交于一顶点 v（等价于所有直线的两端均在无穷远点相交）,所得图的示意图如下图（b）所示. 显然图（b）所示的面数与图（a）的区域数相同,并且图（a）中所示图是区域 2 可着色的,当且仅当图（b）中所示的图是面 2 可着色的. 可是图（b）是无环的 E 平面图.图（b）是面 2 可着色的,从而图（a）所示的图是区域 2 可着色的.

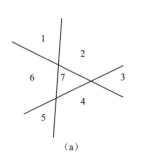 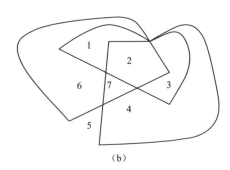

　　　　（a）　　　　　　　　　　　　　　（b）

解 最少需要两种颜色.

13. 设 G 是一个连通的平面地图. 证明 $\chi^*(G)=2$ 当且仅当 G 是欧拉图.

分析 本题的证明利用了图 G 和其对偶图 G^* 的关系以及以下结论：G 是二分图当且仅当 G^* 是欧拉图.

又 G 是点 2 可着色的当且仅当 G 是二分图. 因为若 G 是点 2 可着色的，则 G 中的所有顶点可按着的颜色划分为两个集合，显然着相同颜色的顶点互不邻接，因此这两个集合中的任意两个顶点不邻接，因此 G 是二分图；反过来，如 G 是二分图，则 G 中的所有顶点可划分为两个集合，且每个集合中任意两个顶点不邻接，因此，按 G 的这两个集合将 G 中所有顶点着两种不同的颜色，是 G 的正常 2 着色，故 $\chi^*(G)=2$.

证明 设 G 是一连通的平面地图，则 G 是一无割边的连通平面. 设 G^* 是 G 的对偶图，则 G^* 是无环的连通的平面图，因此 G 是面 2 可着色的当且仅当 G^* 是点 2 可着色的，而 G^* 是点 2 可着色的当且仅当 G^* 是二分图，故 G^* 是二分图当且仅当 G 是欧拉图.

14. 将平面分成 r 个区域，使任意两个区域都相邻，问 r 最大为多少？

分析 显然当 $r=1,2,3,4$ 时，可以构造出满足条件的图，如下图是当 $r=4$ 时满足条件的平面图.

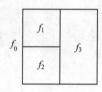

因此，如果能证明不存在具有 5 个或 5 个以上面的平面图，其每两个面都共享一条边，则满足条件的 r 最大为 4.

解 r 最大为 4.

假设存在这样的平面 G，设 G 的对偶图为 G^*，则 G^* 也是平面图. 由于 G 至少有 5 个面，所有 G^* 至少具有 5 个顶点. 设 v^* 为 G^* 的任一顶点，设它位于 G 的面 R 中，由于 R 与其余至少 4 个面均有公共边，所有 v^* 与其余面中的顶点均相邻，于是 $d(v^*)\geq 4$，而且 G^* 为简单图，于是 G^* 必为 $K_n(n\geq 5)$，当 $n=5$ 时，显然 K_5 为非平面图，当 $n>5$ 时，由于 K_n 包含一个 K_5 的剖分，所以 K_n 也不是平面图，这与 G^* 为平面图矛盾.

15. 证明：在平面上画有限个圆所得的地图是两色的，即有一个正常 2 面着色.

分析 本题的证明主要用到了欧拉图的概念和第 13 题的结论，即图 G 是欧拉图当且仅当 G 无奇数度的顶点以及 G 是欧拉图当且仅当 $\chi^*(G)=2$.

证明 在平面上画有限个圆所得的地图 G 显然是一个欧拉图，由第 13 题结论有 $\chi^*(G)=2$，即 G 是两色的.

16. 设 G 是平面图，证明：若 G 是二分图，则 G^* 是欧拉图，又若一个平面图的对偶图是欧拉图，则此平面图是二分图.

分析 该题的证明主要用到了二分图的定义、欧拉图的判定定理及图 G 的对偶图 G^* 中的顶点的度与 G 中对应面的次数的关系. 即图 G 是二分图当且仅当 G 中无奇数长度的回路，而图 G 是欧拉图当且仅当 G 无奇数度的顶点. 而 G^* 的顶点的度等于图 G 对应面的次数之和.

证明　设 G^* 是 G 的对偶图,则 G^* 是连通的,若 G 是二分图,则 G 中无奇数长度的回路,因此 G^* 中所有顶点的度数均为偶数,所以 G^* 是欧拉图.

若 G^* 是欧拉图,所以 G^* 中每个顶点的度数都为偶数,所以 G 中无奇数长度的回路,因此 G 为二分图.

17. 若一个平面图与它的对偶图同构,则称此图是自对偶的,试证明:若 $G(p,q)$ 是自对偶的,则 $q=2p-2$.

分析　由对偶图及同构的定义有:如 $G(p,q,r)$ 是一个自对偶图,图 $G^*(p^*,q^*,r^*)$ 是它的对偶图,则有 $p^*=r,q^*=q,p=p^*,q=q^*,r=r^*$;又因为 G 是平面图,因此满足欧拉公式 $p-q+r=2$. 最后可得 $q=2p-2$.

证明　设 $G(p,q,r)$ 是一个自对偶图,图 $G^*(p^*,q^*,r^*)$ 是 G 的对偶图.

则由对偶图的定义有:$p^*=r,q^*=q$,有 G 与 G^* 同构,因此有 $p=p^*,q=q^*,r=r^*$. 又 G 是一个平面图,所以 $p-q+r=2$,于是 $2p-q=2$,即 $q=2p-2$.

18. 画一个非简单图的自对偶图.

分析　一个图 G 的对偶图是按如下方式构造出来的:在 G 的每个面 f 内放上一个顶点 f^*,这些顶点就构成了 G^* 的顶点集 $V(G^*)$,若 G 的两个面 f 和 g 有一条公共边 e,则画一条以 f^* 和 g^* 为端点的边 e^* 仅穿过 e 一次;对于 G 中属于一个面的割边 e,则画一条以 f^* 为端点的环仅穿过 e 一次. 非简单图是有环或重边的图. 按照第 17 题有自对偶图是图 G 与它的对偶图 G^* 同构的图. 由这几方面的定义,可构造非简单图的自对偶图.

解　非简单图的自对偶图如下图所示.

G

G^*

第 *14* 章 有 向 图

1. 一个简单图 $G(p,q)$ 有多少不同的定向图?

分析 由于简单图的每条边有两种不同的方向可供选择,因此具有 q 条边的无向简单图 G 共有 2^q 个不同的定向图.

解 设 $G(p,q)$ 是简单图,则 G 共有 2^q 个不同的定向图.

2. 简单有向图的基础图一定是简单图吗?

分析 有向图的基础图是将有向边变成无向边所得到的无向图,由于在有向图中 (u,v) 和 (v,u) 是两条不同的边,而在无向图中却属于同一条边,这样无重边的有向图变成无向图以后就有可能含有重边,从而不是简单图.

解 不一定,如右图所示.

3. 设 $D(p,q)$ 是简单有向图,证明:

(1) 若 D 是强连通图,则 $p \leqslant q \leqslant p(p-1)$;

(2) 若 D 是弱连通图,则 $p-1 \leqslant q \leqslant p(p-1)$.

分析 强连通图 D 是指 D 中任意两个顶点间存在双向的通路,因此 D 的基础图 G 必含 H 回路,一条 H 回路的边数至少有 p 条边,因此 $q \leqslant p$;另外,由于完全强连通图的边数等于 $p(p-1)$,因此简单有向图 D 的边数 $q \leqslant p(p-1)$.

弱连通图 D 是指 D 的基础图是连通图的有向图,具有 q 个顶点的连通图的边至少有 $p-1$ 条,因此 $p-1 \leqslant q$.

证明 (1) 因 D 是强连通图,故 D 中任意两个顶点 u,v 之间既存在 (u,v) 通路,又存在有向 (v,u) 通路,于是,D 的基础图 G 必含 H 回路,故 $q \leqslant p$. 又因 D 是简单有向图,故 D 中任何两个顶点之间最多有两条弧,从而 $q \leqslant p(p-1)$,故 $p \leqslant q \leqslant p(p-1)$.

(2) 因 D 是弱连通图,故 D 的基础图 G 是连通的,若 G 无回路,则 $q = p-1$,因此,$p-1 \leqslant q \leqslant p(p-1)$.

4. 设 $D(p,q)$ 是有向图,证明:$\sum\limits_{i=1}^{p} d_D^+(u_i) = q = \sum\limits_{i=1}^{p} d_D^-(u_i)$.

分析 $d_D^+(v)$ 是指有向图 D 中顶点 v 的出度,即以顶点 v 为尾的弧的条数;由于 D 中的任一弧恰有一个头和一个尾,因此,每增加一条弧,对 D 的所有顶点来说,肯定会增加一个出度,同时也会增加一个入度.

证明 因为有向图中的每条弧对应一个顶点(尾)的出度和另一个顶点(头)的入度计数. 故

$$\sum\limits_{i=1}^{p} d_D^+(u_i) = \sum\limits_{i=1}^{p} d_D^-(u_i) = q.$$

5. 基础图是完全图的有向图称有向完全图. 证明:对任何有向完全图 $D(p,q)$,有 $\sum\limits_{i=1}^{p} (d_D^+(u_i))^2 = \sum\limits_{i=1}^{p} (d_D^-(u_i))^2$.

分析 显然基础图是完全图的有向图 $D(p,q)$ 中每个顶点满足：$d^-(u_i) + d^+(u_i) = p - 1$.

又根据第 4 题对 D 中每个顶点 u_i 来说满足 $\sum\limits_{i=1}^{p} d_D^+(u_i) = q = \dfrac{p(p-1)}{2} = \sum\limits_{i=1}^{p} d_D^-(u_i)$，因此有

$$\sum_{i=1}^{p} d_D^+(u_i) = \sum_{i=1}^{p} d_D^-(u_i) = \frac{p(p-1)}{2}.$$

证明 由 D 的假设知，对任何 $u_i \in V(D)$，有

$$d^-(u_i) + d^+(u_i) = p - 1 \qquad \text{①}$$

于是 $\qquad (d^-(u_i))^2 + 2d^-(u_i)d^+(u_i) + (d^+(u_i))^2 = (p-1)^2 \qquad$ ②

又由式①有 $\qquad d^-(u_i) = (p-1) - d^+(u_i)$

代入式②有

$$(d^-(u_i))^2 + 2[(p-1) - d^+(u_i)]d^+(u_i) + (d^+(u_i))^2 = (p-1)^2$$

整理得 $\qquad (d^-(u_i))^2 + 2(p-1)d^+(u_i) - (d^+(u_i))^2 = (p-1)^2 \qquad$ ③

由第 4 题知 $\qquad \sum\limits_{i=1}^{p} d^+(u_i) = q = \dfrac{1}{2}p(p-1) \quad$（完全有向图）

整理得 $\qquad \sum\limits_{i=1}^{p} (d_D^+(u_i))^2 = \sum\limits_{i=1}^{p} (d_D^-(u_1))^2$

6. 设 D 是单连通图. 证明：若对任意 $u \in V(D)$，均有 $d^+(u) = d^-(u)$，则 D 有一条有向回路.

分析 单连通图 D 是任意两个顶点 $u, v \in V(D)$ 存在一条单向通路，考虑 D 中的极长通路 P 的始点 u，由 $d^+(u) = d^-(u)$ 即能得到 D 中的一条有向回路.

证明 因为 D 是单连通图，所以 D 中至少存在一条通路.

假设 $P(uv_0v_1\cdots v_n)$ $(v_n = v)$ 是 D 的一条极长通路，因为 $d^+(u) = d^-(u)$，所以 $d^-(u) > 0$，因此在 D 中存在以 u 为头的弧 e，由 P 是极长通路，所以 e 的尾必在 P 中，不妨假设 e 的尾是 v_i，于是 $v_i uv_0v_1\cdots v_i$ 构成 D 的一条有向回路.

7. 有向图 D 中各顶点的最大和最小的出度和入度分别用 $\Delta^+(D), \delta^+(D)$ 和 $\Delta^-(D), \delta^-(D)$ 来表示，简记为 Δ^+, δ^+ 和 Δ^-, δ^-. 设 D 是一个简单有向图. 求证：

(1) D 中包含长度至少为 $\max\{\delta^-, \delta^+\}$ 的有向通路；

(2) 若 $\max\{\delta^-, \delta^+\} = k > 0$，则 D 中包含长度至少为 $k+1$ 的有向回路.

分析 (1) 由对称性，不妨假设 $\max\{\delta^-, \delta^+\} = \delta^+$，考虑 D 中极长有向通路 $P(uv_0v_1\cdots v_n)$ $(v_n = v)$，假设 P 的长度小于 δ^+，由 δ^+ 的定义，知 $d^+(v) \geq \delta^+$，因此以 v 为尾的弧的条数应不小于 δ^+，因此至少有一条弧的头不在 P 上，与 P 是极长通路矛盾. 本小题使用反证法.

(2) 同样考虑 P 上的顶点 v，以 v 为尾的弧的条数应不小于 δ^+，且这些弧的头都在 P 上，可构造一条长度不小于 $k+1$ 的有向回路.

证明 (1) 不妨假设 $\max\{\delta^-, \delta^+\} = \delta^+$（否则考虑其反向图）.

设 $P(uv_1v_2\cdots v_n)$ $(v_n = v)$ 是 D 中极长的有向 (u,v) 通路. 若 $|P| < \delta^+$，则由于 G 是简单有向图，必有尾为 v 而头不在 P 上的弧，因此 P 可以延长，此与 P 的极长性矛盾.

(2) 同 (1) 设 $\max\{\delta^-, \delta^+\} = \delta^+$. 由 (1) 设 P 是 D 中最长的有向 (u,v) 通路. 于是 $|P| \geq k$. 显然，$d^+(v) \geq k$. 且以 v 为尾的弧的头必在 $u, v_1, \cdots, v_{n-1}$ 中，否则与 p 的最长性矛盾.

(i) 若 $n = k$，则必有 $\langle v_n, u \rangle \in A(D)$.

（ii）若 $n>k$，设 $n=k+r, r \geqslant 1$，于是至少有（因为 $k>0$）$\langle v_n, v_{jm} \rangle \in A(D)$，$m=1,2,\cdots,k$.

不妨假设 $v_{j1}<v_{j2}<\cdots<v_{jk}$. 于是 D 中存在有向回路 $Q=(v_{j1} \to v_{j2} \to \cdots \to v_{jk} \to v \to v_{j1})$，显然 $|Q| \geqslant k+1$.

8. 有向图 D 的有向 E 闭链指 D 中存在一条过每条弧恰好一次的有向闭链. 证明：有向图 D 含有向 E 闭链当且仅当 D 是强连通的，并且对所有 $v \in V(D)$，有 $d_D^+(v)=d_D^-(v)$.

分析 显然充分性成立.

反之，如果 D 是强连通的，并且对所有 $v \in V(D)$，有 $d_D^+(v)=d_D^-(v)$，则 D 中含有向回路，假设 C 是 D 中最长的有向回路，考虑 $D_1=D-E(C)$，若 D_1 是零图，则 C 就是 D 中的有向 E 闭链；若 D_1 不是零图，则将构造出 D 的一个比 C 还长的有向回路，从而导出矛盾.

证明 若 D 是平凡图，结论显然成立. 下面设 D 为非平凡图，设 D 是具有 m 条边的 n 阶有向图.

充分性. 如果 D 含有向闭链，由于 D 的每个顶点都处于回路中，故 D 是强连通的. 又由于 E 闭链上包含了 D 的所有弧，且当经过回路上每个顶点一次时，被消耗的出度与入度相等. 所以，对所有 $v \in V(D)$，有 $d_D^+(v)=d_D^-(v)$.

必要性. 由 D 是非平凡的连通图可知，G 中边数 $m \geqslant 1$，对 m 做归纳法.

D 的强连通性及 D 中任意顶点 $v \in V(D)$，有 $d_D^+(v)=d_D^-(v)$，D 中存在有向回路，设 C 是 D 中一个最长的有向回路，删除 C 上的全部边，得 D 的生成子图 D_1，若 D_1 是零图，则 C 就是 D 中的有向 E 闭链；若 D_1 不是零图，则 D_1 中至少存在一条弧 e 满足 e 的一个端点在 C 中，否则在 D 中 C 将成为一个独立的强连通分支，与 D 是强连通矛盾. 考虑 D_1 包含 e 的强连通分支 D_2，显然 D_2 满足也 $d_{D_2}^+(v)=d_{D_2}^-(v)$，因此 D_2 中也含有一个回路 C_1，这样在 D 中 $C \cup C_1$ 就构成了一个比 C 更长的有向回路. 与 C 是 D 中最长的有向回路矛盾.

9. 设 D 是不含有向回路的有向图. 证明：

（1）$\delta^+=0$；

（2）存在 $V(D)$ 的一个有序顶点序列 $v_1, v_2 \cdots, v_p$，使得对于 $1 \leqslant i \leqslant p$，$D$ 的每条以 v_i 为头的弧在 $\{v_1, v_2, \cdots, v_{i-1}\}$ 中都有它的尾.

分析 （1）由 δ^+ 的定义，只需证明 D 中存在某点 v 满足 $d_D^+(v)=0$ 即可.

若 D 为零图，结论显然成立. 假设 D 不是零图，则 D 中至少存在一条边，于是 D 中至少存在一条有向通路. 假设 $P=v_1 v_2 \cdots v_k$ 是 D 中一条“极大有向通路”，则可以证明 $d_D^+(v_1)=0$.

（2）类似（1）的证明，可证明 $\delta^-(D)=0$，因此 D 中至少存在一个顶点，不妨假设为 v_p，满足 $d_D^-(v_p)=0$. 于是以 v_p 为头的弧的尾都在 $\{v_1, v_2, \cdots, v_{p-1}\}$ 中. 又因为 $D-v_p$ 也是不含有向回路的有向图，因此 $\delta^-(D-v_p)=0$，于是 $D-v_p$ 中也至少存在一个顶点，不妨假设为 v_{p-1}，满足 $d_D^-(v_{p-1})=0$，于是以 v_{p-1} 为头的弧的尾都在 $\{v_1, v_2, \cdots, v_{p-2}\}$ 中，依此类推，可证明本题.

证明 （1）若 D 为零图，结论显然成立，因而设 D 不是零图.

假设 $\delta^+ \geqslant 1$，则对任意 $v \in V(D)$，均有 $d_D^+(v) \geqslant 1$.

由于 D 存在弧，所以 D 中存在“极大有向通路”，设 $P=v_1 v_2 \cdots v_k$ 是 D 中一条“极大有向通路”，$k \geqslant 2$，由于 v_k 不连接到 P 外的任意顶点，故存在 $v_i (1 \leqslant i \leqslant k)$，使得 $\langle v_k, v_i \rangle \in E(D)$，于是形成回路 $v_i v_{i+1} \cdots v_k v_i$，这与 D 中无回路矛盾，因而 D 中存在 $d_D^+(v_k)=0$，因此 $\delta^+=0$.

（2）类似（1）的证明，可证明 $\delta^-(D)=0$，因此 D 中至少存在一个顶点．不妨假设为 v_p，满足 $d_D^-(v_p)=0$，于是以 v_p 为头的弧的尾都在 $\{v_1,v_2,\cdots,v_{p-1}\}$ 中，又因为 $D-v_p$ 也是不含有向回路的有向图，因此 $\delta^-(D-v_p)=0$，于是 $D-v_p$ 中也至少存在一个顶点，不妨假设为 v_{p-1}，满足 $d_D^-(v_{p-1})=0$，于是以 v_{p-1} 为头的弧的尾都在 $\{v_1,v_2,\cdots,v_{p-2}\}$ 中，依此类推，可构造出 D 的顶点序列 $v_1,v_2,\cdots,v_p$，使得对于 $1\leqslant i\leqslant p$，D 的每条以 v_i 为头的弧在 $\{v_1,v_2,\cdots,v_{i-1}\}$ 中都有它的尾．

10. 证明：若有向完全图 D 中有一条有向回路，则 D 中有一个三角形的有向回路．

分析　由有向完全图的定义，有向完全图实际上是一个竞赛图．因此该题转化为证明含有有向回路的竞赛图存在一个三角形的有向回路．

证明　设 D 是一个包含一条有向回路 C 的有向完全图，考虑由 C 中的顶点构成的 D 的点导出子图 D'，显然 D' 是一个回路，且 D' 也是一个竞赛图，并且对任意顶点 $v\in V(D')$，有 $d^+(v)>0$，$d^-(v)>0$，于是 D' 可以看作一个满足题目条件的问题，由题目结论有 D' 中存在一个三角形的有向回路．从而 D 中存在一个三角形的有向回路．

11. $d_D^-(v)=0$ 的顶点称为发点，$d_D^+(v)=0$ 的顶点称为收点．证明：如果有一个有向图 D 不含有向回路，则 D 至少有一个发点和一个收点．

分析　如果 D 为零图或平凡图，显然满足结论．否则考虑 D 中的极长通路 $P=v_1v_2\cdots v_k$．由 P 的极长性，可知 $d^-(v_1)=0$ 且 $d^+(v_k)=0$．

证明　若 D 为零图或平凡图，结论显然成立，因而设 D 至少存在一条边．于是 D 中至少存在一条通路，假设 P 是 D 中的极长有向通路，（$P=v_1v_2\cdots v_k$），$k\geqslant 2$，由 P 的极长性，知以 v_1 为头的弧如果存在，则该弧的尾必在 P 内，不妨假设为 $v_i(1\leqslant i\leqslant k)$，即 $\langle v_i,v_1\rangle\in E(D)$，于是形成回路 $v_1v_2\cdots v_iv_1$，这与 D 中无回路矛盾，因而 $d_D^+(v_1)=0$．同理有 $d_D^-(v_k)=0$．

12. 假设在一次有 $n(n\geqslant 3)$ 名选手参加的循环赛中，每一对选手赛一局定胜负，没有平局，并且没有一个人是全胜的．证明其中一定有三名选手甲、乙、丙，使得甲胜乙，乙胜丙，丙胜甲．

分析　将参加比赛的 n 名选手看作有向图的结点，选手间的比赛为代表该两位选手间的一条有向弧，赢的一方为弧尾，输的为弧头，可构造具有 n 个结点的竞赛图，因此只需证明满足条件的 n 阶竞赛图必包含一个三角形的有向回路即可．本题的证明用到了主教材推论 14.2.2 的结论．

证明　由主教材推论 14.2.2，竞赛图 D 中含顶点 u，使得从 u 出发，到其他各顶点都有一条长度不超过 2 的有向通路．又 u 不可能全胜，因此至少存在一个顶点 w，满足 w 胜 u，即存在从 w 到 u 的一条弧．因为从 u 到 w 存在一条长度 $k\leqslant 2$ 的一条通路 P，如果 $k=1$，显然不满足竞赛图的定义，因此 $k=2$，于是 $P+wu$ 形成了一个三角形的回路．

13. 证明：在完全二叉树中，弧的数目 q 恒为 $q=2(l-1)$，其中 l 是树叶结点数目．

分析　在完全二叉树中，满足 $i+1=l(m=2,i$ 是分枝结点数，l 是树叶结点数），由主教材定义 14.3.2 有顶点 $p=i+l$，再由主教材定义 14.3.1 知其基础图是树，因此其弧数（边数）$q=p-1$．

证明　因为 $(m-1)i+1=t$．这里 $m=2,i+t=p$（顶点数），$t=l,i+1=t$．

因二叉树的基础图是树，故
$$q=p-1=(i+t)-1=(t-1)+t-1=2(t-1)=2(l-1)$$

14. 证明：一个完全二叉树必有奇数个结点．

分析　由第 13 题知，一个完全二叉树弧的条数 $q=2(l-1)$，而对一个树来说，其弧数 q 与顶点数 p 满足 $q=p-1$．

证明　由第 13 题知，$q = 2(l-1)$，而 $q = p-1$，于是 $p = q+1 = 2(l-1)+1$，因此一个完全二叉树必有奇数个结点.

15. 试构造一个与英文字母 b,d,e,g,o,y 对应的前缀码，并画出该前缀码对应的二叉树，再用这六个字母构成一个英文短语，写出此短语的编码信息(0-1 序列).

分析　6 个符号需要用三位二进制来编码，所以对应的二叉树高度至少为 3. 按主教材定理 14.4.2 的方法构造一个高度为 3 的正则二叉树，并按主教材定理 14.4.1 的方法将每条弧用 0 或 1 进行标记，删除多余的叶子直到只保留需要的六个叶子结点，将每个叶子分配给这六个符号，所得的编码必为前缀码.

解　构造的二叉树及其编码如下图所示. 按此编码方法可对 goodbye 进行编码，其编码信息应为 011101000100011010.

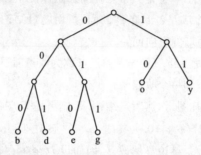

第 15 章　网络最大流

1. 证明:对网络 N 中的任意一个流 f 和 $s\subseteq V(N)$,均有

$$\sum_{v\in S}\left[f(v,V)-f(V,v)\right]=f(S,\bar{S})-f(\bar{S},S)$$

分析　根据定义 $(v,V)=\{(v,u)\in A(N)\mid u\in V\}$,$f(v,V)=\sum_{\alpha\in(v,V)}f(\alpha)$,显然若 $v_1,v_2\in S$,且 $(v_1,v_2)\in A(N)$,则在 $f(v_1,V)$ 中含 $f(v_1,v_2)$,而 $f(V,v_1)$ 中也含 $f(v_1,v_2)$,故 f 对端点同属于 S 的这种弧在 $\sum_{v\in S}\left[f(v,V)-f(V,v)\right]$ 中不产生影响,故

$$\sum_{v\in S}\left[f(v,V)-f(V,v)\right]=f(S,\bar{S})-f(\bar{S},S)$$

证明　左式 $=\sum_{v\in S}\left(\sum_{u\in S}(f(v,u)-f(u,v))+\sum_{u\in\bar{S}}(f(v,u)-f(u,v))\right)$

$$=\sum_{v\in S}\left(\sum_{u\in S}f(v,u)+\sum_{u\in\bar{S}}f(v,u)-\sum_{u\in S}f(u,v)-\sum_{u\in\bar{S}}f(u,v)\right)$$

$$=\sum_{v\in S}\left(\left(\sum_{u\in S}f(v,u)-\sum_{u\in S}f(u,v)\right)+\left(\sum_{u\in\bar{S}}f(v,u)-\sum_{u\in\bar{S}}f(u,v)\right)\right)$$

$$=\sum_{v\in S}\left(\sum_{u\in\bar{S}}f(v,u)-\sum_{u\in\bar{S}}f(u,v)\right)$$

$$=\sum_{v\in S}\sum_{u\in\bar{S}}f(v,u)-\sum_{v\in S}\sum_{u\in\bar{S}}f(u,v)$$

$$=f(S,\bar{S})-f(\bar{S},S)$$

2. 设 $(S,\bar{S})$ 和 $(T,\bar{T})$ 都是网络 N 中的最小割,求证:$(S\cup T,\overline{S\cup T})$ 和 $(S\cap T,\overline{S\cap T})$ 也都是 N 中的最小割.

分析　由集合的运算和容量的定义,可直接验证下式成立:

$$C(S\cup T,\overline{S\cup T})\leqslant C(S,\bar{S})+C(T,\bar{T})-C(S\cap T,\overline{S\cap T})$$

又由于 $(S,\bar{S})$ 和 $(T,\bar{T})$ 都是网络 N 中的最小割,根据最小割的定义有

$$C(S,\bar{S})\leqslant C(S\cup T,\overline{S\cup T}),\quad C(T,\bar{T})\leqslant C(S\cap T,\overline{S\cap T})$$

最后可得 $C(S\cup T,\overline{S\cup T})$ 和 $C(S\cup T,\overline{S\cup T})$ 都等于最小割的容量.

证明　设 $(S,\bar{S})$ 和 $(T,\bar{T})$ 都是小割,则

$$C(S,\bar{S})\leqslant C(S\cup T,\overline{S\cup T}) \tag{①}$$

$$C(T,\bar{T})\leqslant C(S\cap T,\overline{S\cap T}) \tag{②}$$

另外,易知

$$C(S\cup T,\overline{S\cup T})\leqslant C(S,\bar{S})+C(T,\bar{T})-C(S\cap T,\overline{S\cap T})$$

由此得

$$C(S\cup T,\overline{S\cup T})=C(S,\bar{S})$$

因此，$(S \cup T, \overline{S \cup T})$ 是最小割.

类似可得 $(S \cap T, \overline{S \cap T})$ 也是最小割.

3. 在主教材图 15.10 所示的网络 N 中：

(1) 求 N 的所有割；

(2) 求最小割的容量.

分析 根据主教材定义 15.1.4 可知，割是分离源点 x 和汇点 y 的弧的集合. 可用遍历法求出该图的所有割点及每个割的容量.

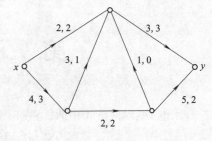

主教材图 15.10

解 (1) 设 $S \subset V(N)$ 列表如下：

S	$(S, \overline{S})$	$c(S, \overline{S})$
$\{x\}$	xu, xv	6
$\{x, u\}$	uv, uw, xv	7
$\{x, v\}$	xu, vy	7
$\{x, w\}$	xu, xv, wv, wy	12
$\{x, u, v\}$	uw, vy	5
$\{x, u, w\}$	uv, wv, wy, xv	11
$\{x, v, w\}$	xu, vy, wy	12
$\{x, u, v, w\}$	vy, wy	8

(2) 比较可得最小割的容量为 5.

4. 证明主教材推论 15.1.1.

分析 主教材推论 15.1.1 描述了网络 N 的任意流值与任意割的容量的关系，即 $f_{x,y} \leqslant C(V, \overline{V})$. 该题的证明用到了流的定义及主教材定理 15.1.1 的结论.

证明 由主教材定义 15.1.2 可知，一个流 f 必须满足：对任意 $\alpha \in A(N)$，$0 \leqslant f(\alpha) \leqslant C(\alpha)$，因此有 $C(V, \overline{V}) \geqslant f(V, \overline{V})$.

又由主教材定理 15.1.1 有，对任意流 f 的值 $f_{x,y}$ 和任意割 $(V, \overline{V})$ 有

$$f_{x,y} = f(V, \overline{V}) - f(\overline{V}, V)$$

因此有 $C(V, \overline{V}) \geqslant f(V, \overline{V}) = f_{x,y} + f(\overline{V}, V) \geqslant f_{x,y}$

5. 对于主教材图 15.11(a) 和图 15.11(b)，确定所有可能流及最大流.

分析 由主教材定义 15.1.2 可知，一个流 f 必须满足：

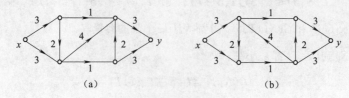

主教材图 15.11

(1) 对任意 $\alpha \in A(N)$，$0 \leqslant f(\alpha) \leqslant C(\alpha)$；

(2) 对任意中间点 i，有 $f(i, V) = f(V, i)$.

对主教材图 15.11 的两个图中的每一条弧,按自上而下、自左至右的顺序进行编号,使用枚举法可确定其所有可能的流及最大流.

解　对主教材图 15.11 的弧编号,如下图所示.

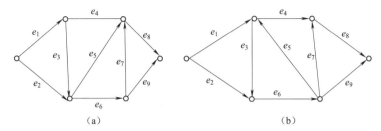

对网络(a),遍历每条弧的流量使得 f 满足流的两个条件,列出可能的流见下表. 共有 44 种不同的流.

流	弧									流的值
	e_1	e_2	e_3	e_4	e_5	e_6	e_7	e_8	e_9	
f_1	0	0	0	0	0	0	0	0	0	0
f_2	1	0	1	0	1	0	0	1	0	1
f_3	1	0	0	1	0	0	0	1	0	1
f_4	0	1	0	0	1	0	0	1	0	1
f_5	0	1	0	0	0	1	0	0	1	1
f_6	0	1	0	0	0	1	1	1	0	1
f_7	2	0	2	0	2	0	0	2	0	2
f_8	2	0	2	0	1	1	2	2	0	2
f_9	2	0	2	0	1	1	0	1	1	2
f_{10}	2	0	1	1	1	0	0	2	0	2
f_{11}	2	0	1	1	0	1	1	2	0	2
f_{12}	2	0	1	1	0	1	0	1	1	2
f_{13}	0	2	0	0	2	0	0	2	0	2
f_{14}	0	2	0	0	1	1	1	2	0	2
f_{15}	0	2	0	0	1	1	0	1	1	2
f_{16}	1	1	1	0	2	0	0	2	0	2
f_{17}	1	1	1	0	1	1	1	2	0	2
f_{18}	1	1	1	0	1	1	0	1	1	2
f_{19}	1	1	0	1	1	0	0	2	0	2
f_{20}	1	1	0	1	0	1	1	2	0	2
f_{21}	1	1	0	1	0	1	0	1	1	2
f_{22}	3	0	2	1	2	0	0	3	0	3
f_{23}	3	0	2	1	1	1	1	3	0	3
f_{24}	3	0	2	1	1	1	0	2	1	3

流	弧									流的值
	e_1	e_2	e_3	e_4	e_5	e_6	e_7	e_8	e_9	
f_{25}	0	3	0	0	3	0	0	3	0	3
f_{26}	0	3	0	0	2	1	1	3	0	3
f_{27}	0	3	0	0	2	1	0	2	1	3
f_{28}	2	1	2	0	3	0	0	3	0	3
f_{29}	2	1	2	0	2	1	1	3	0	3
f_{30}	2	1	2	0	2	1	0	2	1	3
f_{31}	2	1	1	1	2	0	0	3	0	3
f_{32}	2	1	1	1	1	1	1	3	0	3
f_{33}	2	1	1	1	1	1	0	2	1	3
f_{34}	1	2	1	0	3	0	0	3	0	3
f_{35}	1	2	1	0	2	1	1	3	0	3
f_{36}	1	2	1	0	2	1	0	2	1	3
f_{37}	1	2	0	1	2	0	0	3	0	3
f_{38}	1	2	0	1	1	1	1	3	0	3
f_{39}	1	2	0	1	1	1	0	2	1	3
f_{40}	2	2	2	0	3	1	0	3	1	4
f_{41}	2	2	1	1	2	1	0	3	1	4
f_{42}	3	1	2	1	2	1	0	3	1	4
f_{43}	1	3	1	0	3	1	0	3	1	4
f_{44}	1	3	0	1	2	1	0	3	1	4

由于 e_6 的流量最大为 1，所以 e_9 的流量最大也为 1，而 e_8 的流量最大为 3，所以网络 (a) 的最大流量为 4.

对网络 (b)，遍历每条弧的流量使得 f 满足流的两个条件，列出可能的流见下表.

流	弧									流的值
	e_1	e_2	e_3	e_4	e_5	e_6	e_7	e_8	e_9	
f_1	0	0	0	0	0	0	0	0	0	0
f_2	1	0	1	0	0	1	0	0	1	1
f_3	1	0	1	0	0	1	1	1	0	1
f_4	1	0	0	1	0	0	0	1	0	1
f_5	0	1	0	1	1	1	0	1	0	1
f_6	0	1	0	0	0	1	1	1	0	1
f_7	0	1	0	0	0	1	0	0	1	1
f_8	2	0	1	1	0	1	0	1	1	2

续上表

流	弧									流的值
	e_1	e_2	e_3	e_4	e_5	e_6	e_7	e_8	e_9	
f_9	2	0	1	1	0	1	1	2	0	2
f_{10}	2	0	1	1	0	1	0	1	1	2
f_{11}	1	1	0	1	0	1	1	2	0	2
f_{12}	1	1	0	1	0	1	0	1	1	2

共有 12 种不同的流. 由于 e_4, e_6 的流量和最大为 2, 所以 e_8, e_9 的流量和最大也为 2.
所以网络(b)的最大流量为 2.

6. 求主教材图 15.12 所示网络的最大流.

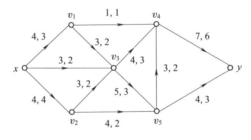

主教材图 15.12

分析　根据主教材定理 15.2.1 求网络的最大流的分析, 可写出求最大流的算法如下, 依据此算法可求出主教材图 15.12 的最大流.

求最大流的算法: //该算法是求网络中的最大流. 每条边的容量是非负整数.

输入: 源点为 x, 汇点为 y, 容量为 C, 顶点为 $x = v_0, v_1, v_2, \cdots, v_n = y$ 的网络和 n

输出: 一个最大流 F

Max_flow(x, y, c, v, n)

//v 的标号是 $(\mathrm{predecessor}(v), \mathrm{val}(v))$

//从零流开始

for 每条边 (i, j)

$\quad F_{i,j} = 0$

while(true) {

//删除所有标号

$\quad$ for $i = 0$ to n {

$\qquad \mathrm{predecessor}(v_i) = \mathrm{null}$

$\qquad \mathrm{val}(v_i) = \mathrm{null}$

$\quad$ }

$\quad$ //标号 x

$\quad \mathrm{predecessor}(x) = —$

$\quad \mathrm{val}(x) = \infty$

$\quad U = \{x\}$　//U 是未检查、已标号的顶点集

```
//进行下列循环,直到 y 被标号
while( val( y ) == null ) {
    if( U == ∅ )    //当前流是最大流
        return F
    从 U 中选择 v
    U = U − {v}
    ε = val( v )
    for 每条满足 val( w ) == null 的边 ( v , w )
        if( F_{vw} < C_{vw} ) {
            predecessor( w ) = v
            val( w ) = min{ ε , C_{vw} − F_{vw} }
            U = U ∪ {w}
        }
    for 每条满足 val( w ) == null 的边 ( w , v )
        if( F_{wv} > 0 ) {
            predecessor( w ) = v
            val( w ) = min{ ε , F_{vw} }
            U = U ∪ {w}
        }
}//end while( val( y ) == null )循环
//找一条用来修正它上面流量的、从 x 到 y 的路径 P
w_0 = y
k = 0
while( w_k ≠ x ) {
    w_{k+1} = predecessor( w_k )
    k = k + 1
}
P = { w_{k+1} , w_k , ⋯ , w_1 , w_0 }
ε = val( y )
for i = 1 to k + 1 {
    e = ( w_i , w_{i−1} )
    if( e 是 P 中的正向边)
        F_e = F_e + ε
    else
        F_e = F_e − ε
}
}//结束 while 循环
}
```

解　依照上述算法,可写出如下步骤.由于网络中已存在一个流,所以算法不需从零流开始.

(1)执行算法步骤 4 ~ 7,将所有顶点 v,初始化 predecessor(v) = null,val(v) = null.

(2)执行算法步骤 8 ~ 10,初始化 predecessor(x) = —,val(x) = ∞,$U = \{x\}$.

(3)执行算法步骤 11,由于 val(y) = null,执行 while 循环.

(4)执行算法步骤 14 ~ 16,从 U 中选择顶点 x,$U = \varnothing$,$\varepsilon = \infty$.

(5)执行算法步骤 17 ~ 29,考虑与 x 邻接的顶点 1,2,3,得 predecessor(v_1) = predecessor(v_3) = x; val(v_1) = val(v_3) = 1;$U = \{v_1, v_3\}$.

(6)执行算法步骤 11,由于 val(y) = null,再次执行 while 循环.

(7)执行算法步骤 14 ~ 16,从 U 中选择顶点 v_1,$U = \{v_3\}$,$\varepsilon = 1$.

(8)执行算法步骤 17 ~ 29,考虑与 v_1 邻接且满足 val(v) = null 的顶点 4,由于不满足 18 和 23 行的 if 条件,所以返回到 11 行再次执行 while 循环.

(9)执行算法步骤 14 ~ 16,从 U 中选择顶点 v_3,$U = \varnothing$,$\varepsilon = 1$.

(10)执行算法步骤 17 ~ 29,考虑与 v_3 邻接且满足 val(v) = null 的顶点 4 和 5,得 predecessor(v_4) = predecessor(v_5) = v_3;val(v_4) = val(v_5) = 1;$U = \{v_4, v_5\}$.

(11)执行算法步骤 11,由于 val(y) = null,执行 while 循环.

(12)执行算法步骤 14 ~ 16,从 U 中选择顶点 v_4,$U = \{v_5\}$,$\varepsilon = 1$.

(13)执行算法步骤 17 ~ 29,考虑与 v_4 邻接且满足 val(v) = null 的顶点 y,得 predecessor(y) = v_4; val(y) = 1;$U = \{y, v_5\}$.

(14)执行步骤 11,由于 val(y) = 1,退出 while 循环,转向步骤 30 执行,初始化 $w_0 = y$,$k = 0$.

(15)执行步骤 32 ~ 37,得增广路径 $P = yv_4v_3x$,$\varepsilon = 1$.

(16)执行步骤 38 ~ 43,修改路径 P 中的值.

(17)去掉全部标记,得一新的网络,如下图所示.

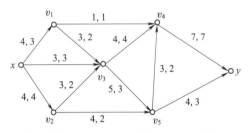

(18)重复上述过程得到增广路径 $P = yv_5v_3v_1x$,修正 P 中的值.

(19)去掉全部标记,得一新的网络,如下图所示.

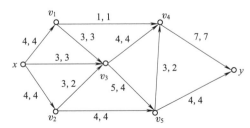

(20)由于流向 y 的流量已达饱和,因此网络中不存在任何由 x 到 y 的可增广路.该网络的流量 $f_{x,y} = 11$ 为所求网络的最大流.

7. 证明:若在网络 N 中不存在有向 (x,y)-通路,则最大流的值和最小割的容量都是零.

分析　若能利用已知条件构造出一个割,其容量等于零;同时还能构造一个流,其流量也为零,则根据主教材定理 15.2.1,可知最大流的值和最小割的容量都是零.

证明　令 $S = \{v \mid$ 在 N 中存在 (x,v)-有向路 $\}$.

显然 $x \in S$,又在网络 N 中不存在有向 (x,y)-有向路,所以 $y \in \bar{S}$,因此 $(S,\bar{S})$ 构成 N 的一个割,且 $C(S,\bar{S}) = 0$.

根据主教材定理 15.2.1,N 中最大流的值和最小割的容量都是零.

8. 略.

第 16 章　排列和组合的一般计数方法

1. 用字母 a,b,c,d,e,f 来形成 3 个字母的一个序列,满足以下条件的方式各有多少种?

(1)允许字母重复;

(2)不允许任何字母重复;

(3)含字母 e 的序列不允许重复;

(4)含字母 e 的序列允许重复.

分析　本题主要是排列组合的简单应用.

解　(1)由于允许字母重复,所以每个都有 6 种排法,所以共有 $6^3 = 216$ 种排列.

(2)不允许任何字母重复情况下,也就是用 6 个字母排列成 3 序列,所以共有 $P_6^3 = 120$(种)排列.

(3)这种情况可以有两种情形:①每个序列没有 e,这种情形下序列允许重复也就是用 a,b,c,d,f 去填充序列的 3 个分量,就是 $5^3 = 125$.②每个序列都有一个 e,这种情况下,每个分量都不能相同,首先从 3 个序列中选出一个分量填充 e,选择方法为 C_3^1 然后用其余的 a,b,c,d,f 填充序列的剩余 2 个分量,选择方法为 P_5^2,所以这种情况下排列方法为 $C_3^1 P_5^2 = 60$;将这两种情形加和得到 $125 + 60 = 185$.

(4)因为含字母 e 的序列可以重复,而不含字母 e 的也可以重复,所以该题和(1)同样的结果.

2. 由数字 $1,2,3,4,5$ 构成一个 3 位数 a,满足下列条件的方法各有多少种?

(1)a 是一个偶数;

(2)a 可以被 5 整除;

(3)$a > 300$.

分析　(1)因为 a 是一个偶数,所以个位为偶数,所以个位有 2,4 两种排法,但是前面可以任意排列.(2)因为 a 可以被 5 整除,则个位为 5,只有一种排法,前面两位可以任意排列.(3)由于 $a > 300$,所以百位只能排 3,4,5 三种排列方法,其余两位可以任意排.

解　(1)a 是一个偶数,所以个位为偶数,所以个位有 2,4 两种排法,前面两位可以用 1,2,3,4,5 进行任意排列,有 $5^2 = 25$ 种排法,由于是分部排列,所以用乘法结果为 $2 \times 25 = 50$.

(2)a 可以被 5 整除,则个位为 5,只有一种排法,前面两位可以用 1,2,3,4,5 任意排列,有 $5^2 = 25$ 种排法,由于是分部排列,所以用乘法结果为 $1 \times 25 = 25$.

(3)由于 $a > 300$,所以百位只能排 3,4,5 三种排列方法,其余两位可以任意排列 1,2,3,4,5,共有 $5^2 = 25$ 种排法,由于是分部排列,所以用乘法结果为 $3 \times 25 = 75$.

3. 设 A,B,C 是三个城市. 从 A 到 B 可以乘飞机、火车,也可以乘船;从 B 到 C 可以乘飞机和火车;从 A 不经过 B 到 C 可以乘飞机和火车. 问:

(1)从 A 到 C 可以有多少种不同的方法?

（2）从 A 到 C，最后又回到 A 有多少种方法？

解 （1）该种情况可以有两种情形：第一种是直接从 A 到 C 有两种；第二种是从 A 出发经过 B 到 C，由于从 A 到 B 有 3 种方法，从 B 到 C 有 2 种方法，所以从 A 出发经过 B 到 C 有 $3 \times 2 = 6$ 种，综合这两种情况可以知道共有 $2 + 6 = 8$ 种方法从 A 到 C.

（2）由于从 C 到 A 仍然有 8 种方法，而从 A 到 C 然后又从 C 到 A 才完成所有的过程，所以是分部，所以共有 $8 \times 8 = 64$ 种方法.

4. 在 5 天内安排 3 门课程的考试.

（1）若每天只允许考 1 门课程，有多少种方法？

（2）若不限于每天考试的课程门数，有多少种方法？

解 （1）如果每天只考 1 门课程，所以也就是把 3 门课放进 5 天中间中的某 3 天，所以共有 $P_5^3 = 60$ 种排列方法.

（2）如果不限每天考试课程的门数，则有如下几种情况：第一种，一天考完，但是 3 门课不同，则安排的次序有 3 种，共有 $3 \times 5 = 15$ 种方法；第二种两天考完，必定会出现某一天考两门，则有 $C_5^1 \cdot P_2^2$ 排法，某一天考一门，有 C_4^1 种排法，所以安排完考试，共有 $C_5^1 \cdot P_2^2 \cdot C_4^1 = 40$ 种排法；第三种三天考完也就是（1）的情况，排法为 60，所以若不限每天考试的门数，共有 $15 + 40 + 60 = 115$ 种排列方法.

5. 排列 26 个字母，使得 a 和 b 之间正好有 7 个字母，问有多少种排列法.

解 由于 a 和 b 之间恰有 7 个字母，则从 26 个字母中取 7 个字母共有 C_{26}^7，然后对这 7 个字母进行全排列共有 $C_{26}^7 \cdot P_7^7$，然后把 a,b 在这 7 个字母的两端共有 2 种排法，最后将 a,b 以及所取出的 7 个字母一起作为一个整体进行全排列共有 P_{18}^{18}，所以总的排列方法为 $2 \cdot C_{26}^7 \cdot P_7^7 \cdot P_{18}^{18}$.

6. 10 个男孩与 5 个女孩站成一排. 如果没有两个女孩相邻，问有多少种方法.

解 首先把 10 个男孩排好，中间形成 9 个空，加上两边的 2 个空，总共形成 11 个空；排列 10 个男孩共有 P_{10}^{10} 种排列方法，然后把 5 个女孩插入到 11 个空中，就有 P_{11}^5 种排列方法，所以总的排列方法为 $P_{10}^{10} \cdot P_{11}^5$.

7. 10 个男孩与 5 个女孩站成一个圆圈. 如果没有两个女孩相邻，问有多少种方法.

解 首先把 10 个男孩排好，中间形成 10 个空，然后把 5 个女孩插入到这 10 个空中；排列 10 个男孩的共有 P_9^9（这是因为虽然有序，但是没有首尾之分），然后把 5 个女孩插入到 10 个空中，就有 P_{10}^5 种排列方法，所以总的排列方法为 $P_9^9 \cdot P_{10}^5$.

8. 从 $1,2,\cdots,300$ 之中任取 3 个数，使得它们的和能被 3 整除，问有多少种方法.

解 将 $1,2,\cdots,300$ 按照模 3 剩余类进行划分为 3 个集合：$S_0 = \{3,6,\cdots,300\}$，$S_1 = \{1,4,\cdots,298\}$，$S_2 = \{2,5,\cdots,299\}$，任取 $1,2,\cdots,300$ 中的 3 个数的和能被 3 整除，那只有如下情况：第一种，所取的数全部来自 S_0，此时共有 C_{100}^3；第二种，所取的数全部来自 S_1，此时共有 C_{100}^3；第三种，所取的数全部来自 S_2，此时共有 C_{100}^3；第四种，所取的三个数来自三个不同的集合，此时共有 $33 \cdot 33 \cdot 33 = 33^3$；所以共有 $3 \cdot C_{100}^3 + 33^3$ 种方法.

9. 证明：对一切 $r \leqslant n$，有 $C_n^r = C_n^{n-r}$.

证明 该题有两种证法. 第一种使用公式，因为 $C_n^r = \dfrac{n!}{(n-r)! \cdot r!}$，

$$C_n^{n-r} = \frac{n!}{(n-(n-r))! \cdot (n-r)!} = \frac{n!}{(n-r)! \cdot r!} = C_n^r;$$

第二种使用组合论的观点解释,从 n 个人中选出 r 个人去参加会议,剩下的人留在家里和从 n 个人中选出 $n-r$ 个人留在家里,剩下的人去参加会议的含义是一样的,所以结论成立.

10. 6 个字母 b,a,c,a,c,a 有多少种排列?

解　该题可以此问题可化为多重集 $S=\{3\cdot a,1\cdot b,2\cdot c\}$,则 S 的排列数 N 由定理有 $N=\dfrac{6!}{3!\cdot 1!\cdot 2!}=60$.

11. 由 5 个字母 a 和 8 个字母 b 能组成多少个非空字母排列?

分析　本题主要是对每一种出现的情况分别讨论,然后根据多重集定理就可以求得.

解　此问题可化为多重集 $S=\{5\cdot a,8\cdot b\}$,则 S 的

(1)1-排列有 $\{1\cdot a,0\cdot b\},\{0\cdot a,1\cdot b\}$,此种情况排列种数为

$$\frac{1!}{1!\cdot 0!}+\frac{1!}{1!\cdot 0!}=2$$

(2)2-排列有 $\{0\cdot a,2\cdot b\},\{2\cdot a,0\cdot b\},\{1\cdot a,1\cdot b\}$,此种情况排列种数为

$$\frac{2!}{2!\cdot 0!}+\frac{2!}{2!\cdot 0!}+\frac{2!}{1!\cdot 1!}=1+1+2=4$$

(3)3-排列有 $\{1\cdot a,2\cdot b\},\{2\cdot a,1\cdot b\},\{3\cdot a,0\cdot b\},\{0\cdot a,3\cdot b\}$,此种情况排列种数为

$$\frac{3!}{2!\cdot 1!}+\frac{3!}{2!\cdot 1!}+\frac{3!}{3!\cdot 0!}+\frac{3!}{3!\cdot 0!}=3+3+1+1=8$$

(4)4-排列有 $\{0\cdot a,4\cdot b\},\{4\cdot a,0\cdot b\},\{1\cdot a,3\cdot b\},\{3\cdot a,1\cdot b\},\{2\cdot a,2\cdot b\}$,此种情况排列种数为

$$\frac{4!}{4!\cdot 0!}+\frac{4!}{4!\cdot 0!}+\frac{4!}{3!\cdot 1!}+\frac{4!}{3!\cdot 1!}+\frac{4!}{2!\cdot 2!}=1+1+4+4+6=16$$

(5)5-排列有 $\{0\cdot a,5\cdot b\},\{5\cdot a,0\cdot b\},\{1\cdot a,4\cdot b\},\{4\cdot a,1\cdot b\},\{2\cdot a,3\cdot b\},\{3\cdot a,2\cdot b\}$,此种情况排列种数为

$$\frac{5!}{5!\cdot 0!}+\frac{5!}{5!\cdot 0!}+\frac{5!}{4!\cdot 1!}+\frac{5!}{4!\cdot 1!}+\frac{5!}{3!\cdot 2!}+\frac{5!}{3!\cdot 2!}=1+1+5+5+10+10=32$$

(6)6-排列有 $\{0\cdot a,6\cdot b\},\{1\cdot a,5\cdot b\},\{5\cdot a,1\cdot b\},\{2\cdot a,4\cdot b\},\{4\cdot a,2\cdot b\},\{3\cdot a,3\cdot b\}$,此种情况排列种数为

$$\frac{6!}{6!\cdot 0!}+\frac{6!}{5!\cdot 1!}+\frac{6!}{5!\cdot 1!}+\frac{6!}{2!\cdot 4!}+\frac{6!}{4!\cdot 2!}+\frac{6!}{3!\cdot 3!}=1+6+6+15+15+20=63$$

(7)7-排列有 $\{0\cdot a,7\cdot b\},\{1\cdot a,6\cdot b\},\{2\cdot a,5\cdot b\},\{5\cdot a,2\cdot b\},\{3\cdot a,4\cdot b\},\{4\cdot a,3\cdot b\}$,此种情况排列种数为

$$\frac{7!}{7!\cdot 0!}+\frac{7!}{1!\cdot 6!}+\frac{7!}{2!\cdot 5!}+\frac{7!}{5!\cdot 2!}+\frac{7!}{3!\cdot 4!}+\frac{7!}{4!\cdot 3!}=1+7+21+21+35+35=120$$

(8)8-排列有 $\{0\cdot a,8\cdot b\},\{1\cdot a,7\cdot b\},\{2\cdot a,6\cdot b\},\{3\cdot a,5\cdot b\},\{4\cdot a,4\cdot b\},\{5\cdot a,3\cdot b\}$,此种情况排列种数为

$$\frac{8!}{0!\cdot 8!}+\frac{8!}{1!\cdot 7!}+\frac{8!}{2!\cdot 6!}+\frac{8!}{3!\cdot 5!}+\frac{8!}{4!\cdot 4!}+\frac{8!}{5!\cdot 3!}=1+8+28+56+70+56=219$$

(9)9-排列有 $\{1\cdot a,8\cdot b\},\{2\cdot a,7\cdot b\},\{3\cdot a,6\cdot b\},\{4\cdot a,5\cdot b\},\{5\cdot a,4\cdot b\}$,此种情况排列种数为

$$\frac{9!}{1! \cdot 8!} + \frac{9!}{2! \cdot 7!} + \frac{9!}{3! \cdot 6!} + \frac{9!}{4! \cdot 5!} + \frac{9!}{5! \cdot 4!} = 9 + 36 + 84 + 126 + 126 = 381$$

（10）10-排列有 $\{2 \cdot a, 8 \cdot b\}$，$\{3 \cdot a, 7 \cdot b\}$，$\{4 \cdot a, 6 \cdot b\}$，$\{5 \cdot a, 5 \cdot b\}$，此种情况排列种数为

$$\frac{10!}{2! \cdot 8!} + \frac{10!}{3! \cdot 7!} + \frac{10!}{4! \cdot 6!} + \frac{10!}{5! \cdot 5!} = 45 + 120 + 210 + 252 = 427$$

（11）11-排列有 $\{3 \cdot a, 8 \cdot b\}$，$\{4 \cdot a, 7 \cdot b\}$，$\{5 \cdot a, 6 \cdot b\}$，此种情况排列种数为

$$\frac{11!}{3! \cdot 8!} + \frac{11!}{4! \cdot 7!} + \frac{11!}{5! \cdot 6!} = 165 + 330 + 462 = 957$$

（12）12-排列有 $\{4 \cdot a, 8 \cdot b\}$，$\{5 \cdot a, 7 \cdot b\}$，此种情况排列种数为

$$\frac{12!}{4! \cdot 8!} + \frac{12!}{5! \cdot 7!} = 495 + 792 = 1\,287$$

（13）13-排列有 $\{5 \cdot a, 8 \cdot b\}$，此种情况排列种数为

$$\frac{13!}{5! \cdot 8!} = 1\,287$$

所以，总的非空序列为所有的 r-排列（$r = 1, 2, \cdots, 13$）数目之和，即

$$2 + 4 + 8 + 16 + 32 + 63 + 120 + 219 + 381 + 427 + 957 + 1\,287 + 1\,287 = 4\,803$$

12. 由 0,1,2 三个数字可组成多少个 n 位数字串？

解 本题中可以化成多重集 $S = \{\infty \cdot 0, \infty \cdot 1, \infty \cdot 2\}$，因为每一位都可以有 n 种排法，则 S 的 n 排列数是 $3n$.

13. 设有 5 种明信片，每种张数不限，现分别寄给 2 个朋友，若给每个朋友只寄 1 张明信片，有几种方法？若给每个朋友寄 1 张明信片，但每个朋友得到的明信片都不相同，有几种方法？若给每个朋友寄 2 张不同的明信片，不同的人可以得到相同的明信片，有几种方法？

解 若每个朋友只寄一张明信片，则由于每个人的明信片可以相同，则每个人都有 5 种邮寄方法，所以共有 $5^2 = 25$ 种方法；如果每个朋友的明信片不同，那么共有 P_5^2 种方法；如果每个朋友 2 张，不同的人可以得到相同的明信片，那么从 5 种明信片中选出 2 张，共有 C_5^2 种选法，每个人得到的 2 张明信片可能属于任何一种选法，于是所求的方法数是 $(C_5^2)^2$.

14. 有相同的红球 4 个，蓝球 3 个，白球 3 个. 如果将它们排成一条直线，则有多少方法？如果是排成一个圆圈，又有多少种方法？

解 设球的集合 $S = \{4 \cdot 红, 3 \cdot 蓝, 3 \cdot 白\}$，如果将它们排成一条线，根据定理可以立即得到其排列方式为 $\frac{10!}{4! \cdot 3! \cdot 3!} = 4\,200$；如果排成一个圆圈，由于圆排列是线排列的 $1/10$，所以所得到的结果为 420.

15. 求多重集 $S = \{3 \cdot a, 4 \cdot b, 2 \cdot c\}$ 中所有元素构成的排列数，要求同类字母的全体不能相邻. 例如，排列 $abbbbcaac$，$baaabbccb$ 等是不允许的.

解 多重集 S 的全排列数为 $\begin{pmatrix} 9 \\ 3 \quad 4 \quad 2 \end{pmatrix}$，令所有这样的排列构成集合 T，如下构造 T 的子集：

$$T_1 = \{x \mid x \in T \text{ 且 } x \text{ 中含有连续的 } 3 \text{ 个 } a\}$$

$$T_2 = \{x \mid x \in T \text{ 且 } x \text{ 中含有连续的 } 4 \text{ 个 } b\}$$

$$T_3 = \{x \mid x \in T \text{ 且 } x \text{ 中含有连续的 } 2 \text{ 个 } c\}$$

为了计数这些子集的元素数,可将连续的字母看成一个打字母,从而有

$$x \in T_1 \Leftrightarrow x \text{ 为} \{1 \cdot a, 4 \cdot b, 2 \cdot c\} \text{的全排列}$$

$$x \in T_2 \Leftrightarrow x \text{ 为} \{3 \cdot a, 1 \cdot b, 2 \cdot c\} \text{的全排列}$$

$$x \in T_3 \Leftrightarrow x \text{ 为} \{3 \cdot a, 4 \cdot b, 1 \cdot c\} \text{的全排列}$$

根据对应的计数公式有

$$|T_1| = \begin{pmatrix} & 7 & \\ 1 & 4 & 2 \end{pmatrix}, \quad |T_2| = \begin{pmatrix} & 6 & \\ 3 & 1 & 2 \end{pmatrix}, \quad |T_3| = \begin{pmatrix} & 8 & \\ 3 & 4 & 1 \end{pmatrix}$$

类似地分析可得

$$|T_1 \cap T_2| = \begin{pmatrix} & 4 & \\ 1 & 1 & 2 \end{pmatrix}, \quad |T_1 \cap T_3| = \begin{pmatrix} & 6 & \\ 1 & 4 & 1 \end{pmatrix}, \quad |T_2 \cap T_3| = \begin{pmatrix} & 8 & \\ 3 & 4 & 1 \end{pmatrix}, \quad |T_1 \cap T_2 \cap T_3| = \begin{pmatrix} & 3 & \\ 1 & 1 & 1 \end{pmatrix}$$

由容斥原理有

$$|\overline{T_1} \cap \overline{T_2} \cap \overline{T_3}|$$

$$= |T| - (|T_1| + |T_2| + |T_3|) + (|T_1 \cap T_2| + |T_1 \cap T_3| + |T_2 \cap T_3|) - |T_1 \cap T_2 \cap T_3|$$

$$= \begin{pmatrix} & 9 & \\ 3 & 4 & 2 \end{pmatrix} - \left[\begin{pmatrix} & 7 & \\ 1 & 4 & 2 \end{pmatrix} + \begin{pmatrix} & 6 & \\ 3 & 1 & 2 \end{pmatrix} + \begin{pmatrix} & 8 & \\ 3 & 4 & 1 \end{pmatrix} \right] + \left[\begin{pmatrix} & 4 & \\ 1 & 1 & 2 \end{pmatrix} + \begin{pmatrix} & 6 & \\ 1 & 4 & 1 \end{pmatrix} + \begin{pmatrix} & 5 & \\ 3 & 1 & 1 \end{pmatrix} \right] -$$

$$\begin{pmatrix} & 3 & \\ 1 & 1 & 1 \end{pmatrix}$$

$$= \frac{9!}{3!\,4!\,2!} - \left(\frac{7!}{4!\,2!} + \frac{6!}{3!\,2!} + \frac{8!}{3!\,4!} \right) + \left(\frac{4!}{2!} + \frac{6!}{4!} + \frac{5!}{3!} \right) - \frac{3!}{1!}$$

$$= 871.$$

第 *17* 章　容斥原理

1. 某年级有 100 个学生,其中 40 个学生学英语,40 个学生学俄语,40 个学生学日语. 若分别有 21 个学生学习上述三种语言中的任何两种语言,有 10 个学生学习所有 3 种语言. 问不学任何语言的学生有多少个?

解　用 A_1,A_2,A_3 分别表示学英语、学俄语、学日语的学生集合,S 表示总学生集合,则问题变成求 $|\overline{A}_1 \cap \overline{A}_2 \cap \overline{A}_3|$,利用逐步淘汰公式,分别求

$$\sum |A_i| = 40 + 40 + 40 = 120$$

$$\sum |A_i \cap A_j| = |A_1 \cap A_2| + |A_1 \cap A_3| + |A_2 \cap A_3| = 21 + 21 + 21 = 63$$

$$\sum |A_i \cap A_j \cap A_k| = |A_1 \cap A_2 \cap A_3| = 10$$

所以由逐步淘汰公式

$$|\overline{A}_1 \cap \overline{A}_2 \cap \overline{A}_3| = 100 - \sum |A_i| + \sum |A_i \cap A_j| - \sum |A_i \cap A_j \cap A_k|$$

$$= 100 - 120 + 63 - 10 = 33$$

2. 有多少个小于 70 且与 70 互素的正整数?

解　由于 $70 = 2 \times 5 \times 7$,所以该题也就变成了,求所有小于 70 的并且不能被 2,5,7 整除的正整数的个数. 设 A_1,A_2,A_3 分别表示 1 到 70 之间能被 2,5,7 整除的整数之集合. 于是,问题变成求 $|\overline{A}_1 \cap \overline{A}_2 \cap \overline{A}_3|$. 利用逐步淘汰公式,先分别求

$$\sum |A_i| = \left[\frac{70}{2}\right] + \left[\frac{70}{5}\right] + \left[\frac{70}{7}\right] = 35 + 14 + 10 = 59$$

其中 $\left[\frac{a}{b}\right]$ 表示对 $\frac{a}{b}$ 取整,下同.

$$\sum |A_i \cap A_j| = |A_1 \cap A_2| + |A_1 \cap A_3| + |A_2 \cap A_3|$$

$$= \left[\frac{70}{[2,5]}\right] + \left[\frac{70}{[5,7]}\right] + \left[\frac{70}{[2,7]}\right] = 7 + 2 + 5 = 14$$

其中 $[a,b]$ 表示 a 与 b 的最小公倍数.

$$\sum |A_i \cap A_j \cap A_k| = |A_1 \cap A_2 \cap A_3| = \left[\frac{70}{[2,5,7]}\right] = \left[\frac{70}{70}\right] = 1$$

$$|\overline{A}_1 \cap \overline{A}_2 \cap \overline{A}_3| = 70 - \sum |A_i| + \sum |A_i \cap A_j| - \sum |A_i \cap A_j \cap A_k|$$

$$= 70 - 59 + 14 - 1 = 24$$

3. 在由 7 个数字位组成的三进制序列中,0,1,2 都出现的数字共有多少?

解　设只出现 0,1,2 中任意 i 位的三进制数的个数为 $N(i)$ 个,$i = 1,2$. 显然,7 位三进制数共有 $N = 3^7 = 2\,187$ 个,而 $N(1) = 3, N(2) = C_3^2(2^7 - 2) = 3 \times 126 = 378. 0,1,2$ 都出现的数字共有 $N - N(1) - N(2) = 3^7 - 3 - 378 = 1\,806.$

4. 某班级有学生 25 人,其中有 14 人会西班牙语,12 人会法语,6 人会法语和西班牙语,5 人会德语和西班牙语,还有 2 人这三种语言都会说,而 6 个会德语的人都会说另一种语言. 求不会以上三种语言的人数.

解 设会法语、德语、西班牙语的学生的集合分别为 F,G,S. 那么显然 $|F| = 12$,$|S| = 14$,$|G| = 6$,$|F\cap S| = 6$,$|G\cap S| = 5$,$|F\cap S\cap G| = 12$.

现在考虑 $|G\cap F|$,因 6 个会德语的人都会另一种语言,其中 5 人会西班牙语,那么另一人肯定会法语. 又 5 个会西班牙语的人中也有两个会法语. 所以 $|G\cap F| = 6 - 5 + 2 = 3$. 故

$$|\overline{F}\cap\overline{G}\cap\overline{S}| = 25 - (12 + 14 + 6) + (6 + 5 + 3) - 2 = 5$$

即不会外语的有 5 人.

5. 求 $S = \{1,2,\cdots,8\}$ 的没有偶整数在它的自然位置上,即 i 不在第 i 位置上的排列个数,$i = 2,4,6,8$.

解 S 的所有排列个数是 $8!$,有 $i(i = 1,2,3,4)$ 个偶数出现在其自然位置上而其余 $8 - i$ 个数不加限制的排列数为 $(8 - i)!$. 此外,i 个偶数有 $\binom{4}{i}$ 种不同选法. 代入对称筛选式得

$$N(0) = \sum_{i=0}^{4} (-1)^i \binom{4}{i}(8 - i)!$$
$$= 8! - \binom{4}{1}7! + \binom{4}{2}6! - \binom{4}{3}5! + \binom{4}{4}4!$$
$$= 24\,024$$

6. 求 $S = \{1,2,\cdots,8\}$ 的恰有 4 个整数在其自然位置上的排列个数.

解 在其自然数位置上的 4 个数有 $\binom{8}{4}$ 种选法. 余下的不在其自然位置上的 4 个数有 D_4 种排法. 于是 $\binom{8}{4}D_4 = 70 \times 9 = 630$.

7. 试用组合推理解释等式 $n! = D_n C_n^0 + D_{n-1} C_n^1 + \cdots D_1 C_n^{n-1} + D_0 C_n^n$.

解 $S = \{1,2,\cdots,n\}$ 的排列可分别成下列情况:

没有一个数在其自然位置上的排列数为 $D_n = D_n C_n^0$.

恰有 $i(i = 1,2,\cdots,n)$ 个数在其自然位置上的排列数为 $D_{n-i}C_n^i$.

有 S 的所有排列的个数为 $n!$,根据加法原理得

$$n! = D_n C_n^0 + D_{n-1} C_n^1 + \cdots D_1 C_n^{n-1} + D_0 C_n^n$$

8. 试证:D_n 是一个偶数当且仅当 n 是一个奇数.

证明 命题等价于 n 是奇数时 D_n 是偶数,n 是偶数时 D_n 是奇数. 用归纳法证明.

因为 $D_0 = 1$,$D_1 = 0$,归纳基础成立.

假定对任一 $n > 2$,$n - 1$ 是奇数,$n - 2$ 是偶数时命题成立.

那么 $D_{n-1} + D_{n-2}$ 是奇数,$D_n = (n-1)(D_{n-1} + D_{n-2})$ 是奇数,$D_{n+1} = n(D_n + D_{n-1})$ 是偶数.

命题得证.

9. n 个人参加一晚会,每人寄存一顶帽子和一把雨伞,会后各人任取一顶帽子和一把雨伞,有多少种可能使得没有人能拿回他原来的任何一件物品?

解　因为人和帽子都是有区别的,每人随便地戴一顶帽子相当于 n 顶帽子的一个重排. 这些重排的个数为 $n!$. 而没有一个人戴上自己原来的帽子恰是错置,错置数为 D_n

$$D_n = n! \left[1 - \frac{1}{1!} + \frac{1}{2!} - \cdots + (-1)^n \frac{1}{n!} \right]$$

没有人拿回自己原来的帽子有 D_n 种可能. 没有人拿回自己原来的伞也有 D_n 种可能. 这两件事情是互相无关的. 因此答案为 D_n^2.

第 *18* 章　递推关系与生成函数

1. 解下列递推关系.

(1) $\begin{cases} H(n) = H(n-1) + n^3, & n \geqslant 1 \\ H(0) = 0 \end{cases}$

(2) $\begin{cases} H(n) + 5H(n-1) + 6H(n-2) = 3n^2, & n \geqslant 2 \\ H(0) = 0, H(1) = 1 \end{cases}$

分析　本题主要是根据递推关系进行反复迭代,然后找规律,最后对规律进行归纳.

解　(1)先利用递推关系反复进行迭代.

$$H(n) = H(n-1) + n^3$$
$$= H(n-2) + (n-1)^3 + n^3$$
$$\cdots\cdots$$
$$= H(0) + 1^3 + 2^3 + \cdots + (n-1)^3 + n^3$$
$$= 1^3 + 2^3 + \cdots + (n-1)^3 + n^3$$

观察到

$$H(0) = 0 = 0^2$$
$$H(1) = 1 = 1^2 = (1+0)^2$$
$$H(2) = 1^3 + 2^3 = 9 = (0+1+2)^2$$
$$H(3) = 1^3 + 2^3 + 3^3 = 36 = (0+1+2+3)^2$$
$$\cdots\cdots$$

一般可以猜想出

$$H(n) = (0+1+2+\cdots+n)^2 = \left(\frac{n(1+n)}{2}\right)^2 = \frac{n^2(1+n)^2}{4}$$

下面用归纳法证之.

显然 $n = 0, 1, 2, 3$ 时结论为真.

假设 n 时结论为真,即 $H(n) = \dfrac{n^2(1+n)^2}{4}$ 成立,考虑 $n+1$ 时,有

$$H(n+1) = H(n) + (n+1)^3 = \frac{n^2(1+n)^2}{4} + (n+1)^3 = \frac{(n+1)^2(n+2)^2}{4}$$

结论成立,故对一切 $n \in N$ 有

$$H(n) = \frac{n^2(1+n)^2}{4}$$

(2) 特征方程为 $x^2 + 5x + 6 = 0$,解得 $x_1 = -2, x_2 = -3$,所以其通解为

$$H'(n) = c_1(-2)^n + c_2(-3)^n$$

设其特解为

$$H^*(n) = P_0 n^2 + P_1 n + P_2$$

其中 P_0,P_1,P_2 为特定常数,以此代入递推关系得

$$(P_0n^2 + P_1n + P_2) + 5[P_0(n-1)^2 + P_1(n-1) + P_2] + 6[P_0(n-2)^2 + P_1(n-2) + P_2] = 3n^2$$

整理后得

$$12P_0n^2 + (-34P_0 + 12P_1)n + (29P_0 - 17P_1 + 12P_2) = 3n^2$$

等式两边比较系数后得

$$\begin{cases} 12P_0 = 3 \\ 34P_0 - 12P_1 = 0 \\ 29P_0 - 17P_1 + 12P_2 = 0 \end{cases}$$

解得 $P_0 = \dfrac{1}{4}, P_1 = \dfrac{17}{24}, P_2 = \dfrac{115}{288}.$ 所以

$$H^*(n) = \frac{1}{4}n^2 + \frac{17}{24}n + \frac{115}{288}$$

从而有

$$H(n) = H'(n) + H^*(n)$$
$$= c_1(-2)^n + c_2(-3)^n + \frac{1}{4}n^2 + \frac{17}{24}n + \frac{115}{288}$$

代入初值

$$\begin{cases} c_1 + c_2 + \dfrac{115}{288} = 0 \\ -2c_1 - 3c_2 + \dfrac{1}{4} + \dfrac{17}{24} + \dfrac{115}{288} = 1 \end{cases}$$

解得 $c_1 = -\dfrac{14}{9}, c_2 = \dfrac{37}{32}.$ 所以有

$$H(n) = -\frac{14}{9}(-2)^n + \frac{37}{32}(-3)^n + \frac{1}{4}n^2 + \frac{17}{24}n + \frac{115}{288}$$

2. 证明下列各等式(其中 F_n 表示第 n 个 Fibonacci 数).

(1) $F_1 + F_2 + \cdots + F_n = F_{n+2} - 1$;

(2) $F_1 + F_3 + \cdots + F_{2n-1} = F_{2n}$;

(3) $F_2 + F_4 + \cdots + F_{2n} = F_{2n+1} - 1$.

分析 (1)(2)都是通过先把左端的分离出来,然后通过累加即可得到.

证明

(1) 因为 $F_n = F_{n-1} + F_{n-2}$,所以

$$F_1 = F_3 - F_2$$
$$F_2 = F_4 - F_3$$
$$\cdots\cdots$$
$$F_n = F_{n=2} - F_{n+1}$$

把这些等式相加得

$$F_1 + F_2 + \cdots + F_n = F_{n+2} - 1$$

(2) 由 $F_n = F_{n-1} + F_{n-2}$ 得 $F_{n-1} = F_n - F_{n-2}$,利用 $F_1 = F_2 = 1$ 仿照(1)的证法而得.

(3) 由(1) - (2),即得(3).

3. 有 n 级台阶,某人从下向上走,若每次只能跨一级或两级,问他从地面走到第 n 级有多少种不同的方法.

　　分析　本题主要是考察 Fibonacci 数的具体应用,构造出 Fibonacci 数的形式.

　　解　设按此种方式走 n 级台阶的方法数位 $h(n)$ 种. 若第一次走一级,则余下的 $n-1$ 级有 $h(n-1)$ 种走法. 若第一次走二级,则余下的 $n-2$ 级有 $h(n-2)$ 种走法. 由加法原理得

$$h(n) = h(n-1) + h(n-2)$$

显然有 $h(1) = 1, h(2) = 2$.

　　因为 Fibonacci 数 $F_n = F_{n-1} + F_{n-2}$,且 $F_1 = 1, F_2 = 1$,所以有 $h(n) = F_{n+1}$.

4. 有多少个长度为 n 的 0 与 1 的序列,其中既不含子序列 010,也不含子序列 101?

　　解　设长度为 n 而满足条件的串有 $f(n)$ 个,它们可分成两类:

　　(1)最后两位相同. 此种串可由长为 $n-1$ 而满足条件的串 a 加与 a 末尾相同的数字构成,例如,001→0011,此种串共有 $f(n-1)$ 个.

　　(2)最后两位不同. 此串可由长为 $n-2$ 的满足条件的串 a,加与 a 末位先同而后异的两个数字构成,例如,01→0110,此种串共有 $f(n-2)$ 个. 于是有

$$f(n) = f(n-1) + f(n-2)$$

显然有 $f(1) = 2, f(2) = 4$. 解得

$$f(n) = \frac{5+\sqrt{5}}{5}\left(\frac{1+\sqrt{5}}{2}\right)^n + \frac{5-\sqrt{5}}{5}\left(\frac{1-\sqrt{5}}{2}\right)^n$$

5. 设 $f(n,k)$ 是从集合 $\{1,2,\cdots,n\}$ 中能够选择的没有两个连续整数的 k 个元素的子集之数目.

　　(1)试建立 $f(n,k)$ 的递推关系;

　　(2)利用(1)证明 $f(n,k) = C_{n-k+1}^k$.

　　解　(1)对元素 n 来说,不外乎两种情况:①n 被选进某一 k 元素子集. ②n 没有选进任一 k 元素子集. 若是①,则 $n-1$ 就不能选进这一 k 元素子集,故其余的 $k-1$ 个元素得从 $\{1,2,3,\cdots,n-2\}$ 中去选取,所以有 $f(n-2,k-1)$ 种选法. 若是②,k 元素子集种的 k 各数可由从 $\{1,2,3,\cdots,n-2\}$ 中去选取,故有 $f(n-1,k)$ 种选法. 由加法原理得

$$f(n,k) = f(n-2,k-1) + f(n-1,k)$$

　　(2)利用(1)中的递推关系式对 n 进行归纳证明.

　　规定 $f(0,0) = 1, f(0,k) = 0 (k \neq 0)$.

　　显然有 $f(1,0) = 1, f(1,1) = 1$.

　　当 $n=2$ 时,$f(2,k) = f(0,k-1) + f(1,k)$.

　　这时当 $k=0$ 时,$f(2,1) = f(0,0) + f(1,1) = 1+1 = 2$.

　　而对于 $\dbinom{n-k+1}{k}$,当 $k=0$ 时,$\dbinom{2-0+1}{0} = 1$.

　　当 $k=1$ 时,$\dbinom{2-1+1}{1} = \dbinom{2}{1} = 2$.

　　所以有 $f(2,k) = \dbinom{2-k+1}{k}$.

设当小于 n 时结论成立，即对 $k \leqslant n-1$ 有

$$f(n-1,k) = \binom{n-1-k+1}{k} = \binom{n-k}{k} \qquad f(n-1,k-1) = \binom{n-1-(k-1)+1}{k-1} = \binom{n-k}{k-1}$$

则当 $k = n$ 时，
$$f(n,k) = f(n-2,k-1) + f(n-1,k)$$
$$= \binom{n-k}{k-1} + \binom{n-k}{k} = \binom{n-k+1}{k}$$

所以对一切 $n \in I_+$ 有

$$f(n,k) = \binom{n-k+1}{k}$$

6. 设 $S = \{\infty \cdot a_1, \infty \cdot a_2, \infty \cdot a_3, \infty \cdot a_4\}$，$b_r$ 是具有下列附加条件的 S 的 r 组合数，试确定序列 $\{b_r\}$ 的一般生成函数.

(1) 每一个 a_i 出现奇数次；

(2) 每一个 a_i 出现 3 的倍数次；

(3) 每一个 a_i 至少出现 10 次.

解 设序列 $\{a_n\}$ 的生成函数为 $f(x)$，则

(1) $f(x) = (x + x^3 + x^5 + \cdots)^4 = \dfrac{x^4}{(1-x^2)^4}$；

(2) $f(x) = (1 + x^3 + x^6 + x^9 + \cdots)^4 = \dfrac{1}{(1-x^3)^4}$；

(3) $f(x) = (x^{10} + x^{11} + \cdots)^4 = \dfrac{x^{40}}{(1-x)^4}$.

7. 设口袋中放着 12 个球，其中 3 个红球，3 个白球，6 个黑球. 从中取出 r 个球，问有多少种不同的取法.

解 设不同的取法有 a_r 种，考虑下面形式的幂级数

$$(1 + x + x^2 + x^3) \cdot (1 + x + x^2 + x^3) \cdot (1 + x + x^2 + x^3 + x^4 + x^5 + x^6) \qquad \text{①}$$

它展开式中的每一项 x^r 必定有如下形式

$$x^{m_1} \cdot x^{m_2} \cdot x^{m_3} = x^r, \qquad m_1 + m_2 + m_3 = r$$

其中 $0 \leqslant m_1 \leqslant 3, 0 \leqslant m_2 \leqslant 3, 0 \leqslant m_3 \leqslant 6$. $x^{m_1}, x^{m_2}, x^{m_3}$ 分别取自第一个因子、第二个因子和第三个因子. 如果让第一、二、三个因子分别对应红、白、黑三种球，从第一个因子中取 x^{m_1} 理解为"红球被取了 m_1 个"，从第二个因子中取 x^{m_2} 理解为"白球被取了 m_2 个"，从第三个因子中中取 x^{m_3} 理解为"黑球被取了 m_3 个"，由于一、二、三个因子中最高数分别是 3，3，6，所以在任一取法中，红球不能超过 3 个，白球不能超过 3 个，黑球不能超过 6 个. 这样一来，式①的展开式中每个 x^r 对应一种红、白、黑球的取法，所以 x^r 的素数就是 a_r，式①是 $\{a_r\}$ 的生成函数. 即有

$$f(x) = (1 + x + x^2 + x^3) \cdot (1 + x + x^2 + x^3) \cdot (1 + x + x^2 + x^3 + x^4 + x^5 + x^6)$$

展开后取 x^r 的系数即为问题的解.

8. 设有 1 g 重的砝码一枚，3 g 重的砝码 3 枚，7 g 重的砝码 2 枚. 用这 6 枚砝码能称哪几种质量的物体？

解 设用这 6 枚砝码称 r 克重的物体有 a_r 种称法，那么数列 $\{a_r\}$ 的生成函数是

$$f(x) = (1 + x)(1 + x^3 + x^6 + x^9)^2 \cdot (1 + x^7 + x^{14})$$

展开后得

$$f(x) = 1 + x + x^3 + x^4 + x^6 + 2x^7 + x^8 + x^9 + 2x^{10} + x^{11} + x^{13} + 2x^{14} + x^{15} + x^{16} + 2x^{17} + x^{18} + x^{20} + x^{21} + x^{23} + x^{24}$$

由此可知,在质量不超过 24 g 的物体中,除了质量为 2 g、5 g、19 g、22 g 的物体不能称之外,其他都能称.并且质量分别为 7 g、10 g、14 g、17 g 的物体都有两种不同的称法.

9. 把正整数 8 写成三个非负整数 n_1, n_2, n_3 的和,要求 $n_1 \leqslant 3, n_2 \leqslant 3, n_3 \leqslant 6$. 问有多少种不同的写法.

解　问题等价于求多重集 $S = \{3 \cdot n_1, 3 \cdot n_2, 6 \cdot n_3\}$ 的 8 组合数.

设 S 的 r 组合数为 a_r,则序列 $\{a_r\}$ 的生成函数为

$$f(x) = (1 + x + x^2 + x^3)^2 \cdot (1 + x + x^2 + x^3 + x^4 + x^5 + x^6)$$

展开后得 x^8 的系数 $a_8 = 13$,故满足条件的写法有 13 种.

第 3 篇 代数结构与初等数论

第 19 章 整 数

1. 请推导出主教材定理 19.1.3 中计算 S_k 和 T_k 的递推公式.

分析 本题主要是考察矩阵的推导过程.

解 由

$$\begin{pmatrix} T_k & V_k \\ S_k & U_k \end{pmatrix} = \begin{pmatrix} q_1 & 1 \\ 1 & 0 \end{pmatrix}\begin{pmatrix} q_2 & 1 \\ 1 & 0 \end{pmatrix}\cdots\begin{pmatrix} q_k & 1 \\ 1 & 0 \end{pmatrix} \quad ①$$

有

$$\begin{pmatrix} T_k & V_k \\ S_k & U_k \end{pmatrix} = \begin{pmatrix} T_{k-1} & V_{k-1} \\ S_{k-1} & U_{k-1} \end{pmatrix}\begin{pmatrix} q_k & 1 \\ 1 & 0 \end{pmatrix} = \begin{pmatrix} q_k T_{k-1} + V_{k-1} & T_{k-1} \\ q_k S_{k-1} + U_{k-1} & S_{k-1} \end{pmatrix} \quad ②$$

比较式②两端,可知

$$\begin{cases} U_k = S_{k-1} \\ V_k = T_{k-1} \end{cases} \quad ③$$

$$\begin{cases} T_k = q_k T_{k-1} + V_{k-1} \\ S_k = q_k S_{k-1} + U_{k-1} \end{cases} \quad ④$$

由式③有

$$\begin{cases} U_{k-1} = S_{k-2} \\ V_{k-1} = T_{k-2} \end{cases} \quad ⑤$$

由式④和式⑤得

$$\begin{cases} S_k = q_k S_{k-1} + S_{k-2} \\ T_k = q_k T_{k-1} + T_{k-2} \end{cases} \quad ⑥$$

由式③可令

$$\begin{cases} S_0 = U_1 \\ T_0 = V_1 \end{cases} \quad ⑦$$

又由式①有

$$\begin{pmatrix} T_1 & V_1 \\ S_1 & U_1 \end{pmatrix} = \begin{pmatrix} q_1 & 1 \\ 1 & 0 \end{pmatrix}$$

于是

$$\begin{cases} S_0 = U_1 = 0 \\ T_0 = V_1 = 1 \end{cases} \qquad \begin{cases} S_1 = 1 \\ T_1 = q_1 \end{cases}$$

这样,对任意 $k \geqslant 2$,由式⑥可求出 S_k 和 T_k.

2. 求 1 331 和 5 709 的最大公因数,并表示为它们的倍数之和.

分析　本题主要考察用辗转相除法求两个数的最大公因数.

解　用辗转相除法求最大公因数,逐次得出商及余数并计算 S_k 和 T_k.列表如下:

k	0	1	2	3	4	5
r_k		385	176	33	11	0
q_k			4	3	2	5	3
S_k	0	1	3	7	38	空
T_k	1	4	13	30	163	空

由上表知,最大公因数为 $r_4 = 11$,且有

$$r_4 = (-1)^{4-1} S_4 \cdot 5\,709 + (-1)^4 T_4 \cdot 1\,331$$
$$= -38 \times 5\,709 + 163 \times 1\,331$$

3. 求证:任意奇数的平方减 1 必是 8 的倍数.

分析　本题首先根据奇数的概念,然后进行变形即得.

证明　设 n 为奇数.可令 $n = 2k-1, k \geq 1$. 于是 $n^2 = (2k-1)^2 = 4k^2 - 4k + 1$.

从而 $n^2 - 1 = 4k^2 - 4k = 4k(k-1)$.

(1)当 $k=1$ 时,$n^2 - 1 = 0$ 是 8 的倍数.

(2)当 $k > 1$ 时,k 和 $k-1$ 必有一个是 2 的倍数,因此,$4k(k-1)$ 总是 8 的倍数.

故结论成立.

4. 试证:若一个数的奇数位上的数码之和与偶数位上的数码之和两者之差是 11 的倍数,则此数也是 11 的倍数.

分析　本题因为涉及 11 以及整数,所以考虑 11 与 10 的关系,然后根据特殊推广到一般.

证明　设 $a = a_{n-1} a_{n-2} \cdots a_2 a_1 a_0$. 将 10 写成 11 与 1 之差. 有

$10 = 11 - 1 = 11$ 的倍数 -1;

$10^2 = (11-1)^2 = 11^2 - 2 \times 11 + 1 = 11$ 的倍数 $+1$;

$10^3 = (11-1)^3 = 11^3 - 3 \times 11^2 + 3 \times 11 - 1 = 11$ 的倍数 -1;

……

$10^{n-1} = (11-1)^{n-1} = 11$ 的倍数 $+ (-1)^{n-1}$.

从而

$a = a_{n-1} a_{n-2} \cdots a_2 a_1 a_0$

$= a_0 + a_1 \cdot 10 + a_2 \cdot 10^2 + \cdots + a_{n-2} \cdot 10^{n-2} + a_{n-1} \cdot 10^{n-1}$

$= a_0 + a_1(11 的倍数 -1) + a_2(11 的倍数 +1) + a_3(11 的倍数 -1) + \cdots + a_{n-1}[11 的倍数 + (-1)^{n-1}]$

$= 11$ 的倍数 $+ (a_0 + a_2 + a_4 + \cdots) - (a_1 + a_3 + a_5 + \cdots)$

因此,若 $(a_0 + a_2 + a_4 + \cdots) - (a_1 + a_3 + a_5 + \cdots)$ 是 11 的倍数,则 a 是 11 的倍数.

5. 试证:将一个 n 位数 a,任意颠倒其各位数字,所得之数 b 与 a 之差 c 是 9 的倍数.

分析　本题和第 4 题类似,由于这里涉及的是 9,所以考虑 9 与 10 的关系,然后由特殊推广到一般.

证明　设 $a = a_{n-1} a_{n-2} \cdots a_2 a_1 a_0$. 将 10 写成 9 与 1 之和,有

$10 = 9 + 1 = 9$ 的倍数 $+1$

$$10^2 = (9+1)^2 = 9^2 + 2 \times 9 + 1 = 9 \text{ 的倍数} + 1$$

……

$$10^{n-1} = (9+1)^{n-1} = 9 \text{ 的倍数} + 1$$

令 a 任意颠倒其各位数字后所得的 b 为

$$b = b_{n-1}b_{n-2}\cdots b_2 b_1 b_0$$
$$= b_0 + b_1 \times 10 + b_2 \times 10^2 + \cdots + b_{n-2} \times 10^{n-2} + b_{n-1} \times 10^{n-1}$$

于是
$$c = a - b = (a_0 - b_0) + (a_1 - b_1) \times 10 + (a_2 - b_2) \times 10^2 + \cdots + (a_{n-1} - b_{n-1}) \times 10^{n-1}$$
$$= (a_0 - b_0) + (a_1 - b_1) \times (9 \text{ 的倍数} + 1) + \cdots + (a_{n-1} - b_{n-1}) \times (9 \text{ 的倍数} + 1)$$
$$= (a_0 + a_1 + \cdots + a_{n-1}) - (b_0 + b_1 + \cdots + b_{n-1}) + (a_1 - b_1) \times 9 \text{ 的倍数} + \cdots +$$
$$(a_{n-1} - b_{n-1}) \times 9 \text{ 的倍数}$$
$$= (a_1 - b_1) \times 9 \text{ 的倍数} + \cdots + (a_{n-1} - b_{n-1}) \times 9 \text{ 的倍数}$$

可知结论成立.

6. 试证:任意整数 $a > 1$,至少有一个素约数.

分析 本题主要运用到素数的不可分解性.

证明 不妨设 a 是一个正整数. 若 a 本身就是素数,则结论成立. 否则,设 a 的最小真约数为 q,则 q 就是素数,否则与 q 的最小性矛盾.

7. 设 a 是合数,q 是 a 的最小正约数,试证:$q \le \sqrt{a}$.

分析 根据数的分解即可.

证明 由题意有 $q \mid a$. 设 $a = qa_1$,显然 $a_1 \ge q$. 于是 $a \ge q^2$, 即 $q \le \sqrt{a}$.

8. 试证:形如 $4n-1$ 的素数有无穷多个.

分析 用反证法,通过构造一个新的数来找矛盾.

证明 假设 $4n_1 - 1, 4n_2 - 1, \cdots, 4n_k - 1$ 是不大于 $4n - 1$ 的所有素数. 令
$$a = 4(4n_1 - 1)(4n_2 - 1)\cdots(4n_k - 1) - 1 = 4p - 1$$

易知,a 有不同于 $4n_i - 1, i = 1, 2, \cdots, k$ 的素约数. 显然 a 的素约数是奇数,但奇数可以写成 $4n+1$ 或 $4n-1$. 而 $(4l+1)(4m+1) = 4(4lm + l + m) + 1$. 所以 a 的素约数中不能都是 $4n+1$ 的形状,其中必有形如 $4n-1$ 的素约数. 因此结论成立.

9. 证明:若 $3 \mid (a^2 + b^2)$,则 $3 \mid a, 3 \mid b$.

分析 本题主要是根据主教材定理 19.1.1 对数 a, b 进行分解. $a = 3m + r, b = 3n + s, 0 \le r, s \le 3$,然后证明 r, s 都是 0.

证明 若 $1 \le a, b \le 2$,则 $a^2 + b^2 = 2, 5, 8$. 从而 3 不整除 $(a^2 + b^2)$. 故不妨设 $a, b \ge 3$. 令 $a = 3m + r, b = 3n + s, 0 \le r, s \le 3$. 若 $r \ne 0$ 或 $s \ne 0$,则因
$$a^2 + b^2 = 9m^2 + 6mr + r^2 + 9n^2 + 6ns + s^2$$

且 $3 \mid (a^2 + b^2)$, 故有 $3 \mid (r^2 + s^2)$. 但由 $r^2 + s^2 = 1, 2, 5, 8$ 知,3 不能整除 $r^2 + s^2$. 矛盾. 故必有 $r = s = 0$, 即 $3 \mid a, 3 \mid b$.

10. 设 $n > 2$,试证:n 与 $n!$ 之间至少有一个素数.

分析 通过构造一个新的数,来说明该数有一个介于 n 与 $n!$ 之间的素因数.

证明 设不大于 n 的素数为 $p_1, \cdots, p_k$. 令 $q = p_1 \cdots p_k - 1$. 易知,q 有异于 p_i 的素因数 p,且 $p > n$,于是 $n < p \le q \le n! - 1 < n!$. 故结论成立.

11. 设素数 $p \geq 5$, 求证: $p^2 \equiv 1 \pmod{24}$.

分析 素数 $p \geq 5$, 可得 p 一定是素数, 然后根据 $24 = 3 \times 8$, $\gcd(3,8) = 1$ 以及同余的性质可得.

证明 因 $p \geq 5$ 是素数, 所以 $p \not\equiv 0 \pmod 3$. 即 $p \equiv \pm 1 \pmod 3$. 从而

$$p^2 \equiv (\pm 1) \equiv 1 \pmod 3$$

又由假设, 可令 $p = 2k + 1 (k \geq 2)$. 于是

$$p^2 \equiv (2k+1)^2 = 4k^2 + 4k + 1 = 4k(k+1) + 1 \equiv 1 \pmod 8$$

再由 $\gcd(3,8) = 1$ 得 $p^2 \equiv 1 \pmod{24}$.

12. 解同余方程 $35x \equiv 1 \pmod{97}$.

分析 本题注意是根据孙子定理求得.

解 注意到 35 与 97 互素, 有 $-36 \times 35 + 13 \times 97 = 1$. 从而 $-36 \times 35 \equiv 1 \pmod{97}$. 故 $x = -36$.

13. 设 p 为素数, 求证: $(a+b)^p \equiv a^p + b^p \pmod p$.

证明 由二项式定理有

$$(a+b)^p = a^p + \sum_{i=1}^{p-1} C_p^i a^{p-i} b^i + b^p \equiv a^p + b^p \pmod p$$

14. 试证明: 正整数 n 是 3 的倍数必要而且只要 n 的各位数码之和是 3 的倍数.

分析 本题主要是根据 $10 \equiv 1 \pmod 3$ 来证明.

证明 设 $n = a_{n-1} 10^{n-1} + \cdots + a_2 10^2 + a_1 10 + a_0$. 因为 $10 \equiv 1 \pmod 3$, 所以

$$n = a_{n-1} 10^{n-1} + \cdots + a_2 10^2 + a_1 10 + a_0$$
$$\equiv a_{n-1} + \cdots + a_2 + a_1 + a_0 \pmod 3$$

于是 $n \equiv 0 \pmod 3$ 必要且只要 $a_{n-1} + \cdots + a_2 + a_1 + a_0 \equiv 0 \pmod 3$.

15. 试找出正整数 n 能被 7 整除的必要充分条件.

证明 本题的难点在于找出一个对照数 1 000, 找到这个数其余就迎刃而解了.

解 因为 $1\,000 \equiv -1 \pmod 7$. 将写成千进制数

$n = a_0 + a_1 \times 1\,000 + a_2 \times 1\,000^2 + \cdots + a_{n-1} \times 1\,000^{n-1} \equiv 0 \pmod 7$, $0 \leq a_i < 1\,000$,

$n \equiv 0 \pmod 7 \Leftrightarrow a_0 + a_1 \times 1\,000 + a_2 \times 1\,000^2 + \cdots + a_{n-1} \times 1\,000^{n-1} \equiv 0 \pmod 7$

$$\Leftrightarrow a_0 - a_1 + a_2 + \cdots + (-1)^{n-1} a_{n-1} \equiv 0 \pmod 7$$
$$\Leftrightarrow (a_0 + a_2 + \cdots) - (a_1 + a_3 + \cdots) \equiv 0 \pmod 7$$

$\sum_{i=0}^{n-1} (-1)^i a_i \equiv 0 \pmod 7$. 例如, $n = 814\,863 = 814 \times 1\,000 + 863$, $a_0 = 863$, $a_1 = 814$, $a_0 - a_1 = 49 \equiv 0 \pmod 7$, 所以 $814\,863$ 是 7 的倍数.

16. 解同余方程组

$$\begin{cases} x \equiv 1 \pmod 4 \\ x \equiv 2 \pmod 5 \\ x \equiv 3 \pmod 7 \end{cases}$$

分析 本题使用孙子定理来求解.

解 令 $m_1 = 4$, $m_2 = 5$, $m_3 = 7$. $m = m_1 m_2 m_3 = 140$. 先分别解同余方程

$$\frac{m}{m_i}c_i \equiv 1 (\text{mod } m_i), \quad i = 1,2,3$$

即解 $35c_1 \equiv 1(\text{mod } 4), 28c_2 \equiv 1(\text{mod } 5), 20c_3 \equiv 1(\text{mod } 7)$.

解得 $c_1 \equiv -1(\text{mod } 4)$, $c_2 \equiv 2(\text{mod } 5), c_3 \equiv -1(\text{mod } 7)$, 于是, 所求解为

$$x = \sum_{i=1}^{3} \frac{m}{m_i}c_i a_i = 35 \times (-1) \times 1 + 28 \times 2 \times 3 + 20 \times (-1) \times 2$$

$$= -35 + 168 - 40 \equiv 93 (\text{mod } 140)$$

17. 解同余方程组

$$\begin{cases} 5x \equiv 7 (\text{mod } 11) \\ 6x + 9 \equiv 0 (\text{mod } 19) \end{cases}$$

分析　本题与孙子定理有点不同, 首先要先化成孙子定理的形式, 然后根据孙子定理求解.

解　等价于解　$\begin{cases} 5x \equiv 7 (\text{mod } 11) \\ 6x \equiv -9 (\text{mod } 19) \end{cases}$　①

先将式①化为

$$\begin{cases} x \equiv a_1 (\text{mod } 11) \\ x \equiv a_2 (\text{mod } 19) \end{cases}$$

的形式.

解 $5x \equiv 7(\text{mod } 11)$, 得 $x \equiv 8(\text{mod } 11)$,

解 $6x \equiv -9(\text{mod } 19)$, 得 $x \equiv 8(\text{mod } 19)$.

因此, $x \equiv 8(\text{mod } 209)$.

18. 求 $13^{1956} \equiv ? (\text{mod } 60)$.

分析　本题主要根据欧拉定理来求解.

解　由欧拉定理, $a^{\varphi(m)} \equiv 1(\text{mod } m)$, a 与 m 互素. 这里, $m = 60 = 3 \cdot 4 \cdot 5$, 于是

$$\varphi(m) = \varphi(60) = \varphi(3 \cdot 4 \cdot 5) = \varphi(3)\varphi(4)\varphi(5) = 2 \cdot 2 \cdot 4 = 16.$$

$$13^{1956} \equiv 13^{16 \cdot 122 + 4} = (13^{16})^{122} \cdot 13^4 \equiv 1^{122} \cdot 13^4$$

$$= 13^4 = (169)^2 \equiv (-11)^2 = 121 \equiv 1 (\text{mod } 60)$$

19. 证明: 若 $n > 2$, 则 $\varphi(n)$ 为偶数.

分析　本题主要是考察算术基本定理以及主教材定理 19.4.6.

证明　设 $n > 2$. 由算术基本定理, 有

$$n = p_1^{r_1} p_2^{r_2} \cdots p_k^{r_k}, p_1, \cdots p_k 是互异的素数$$

再由主教材定理 19.4.6, 有

$$\varphi(n) = n\left(1 - \frac{1}{p_1}\right)\left(1 - \frac{1}{p_2}\right)\cdots\left(1 - \frac{1}{p_k}\right) = p_1^{r_1} p_2^{r_2} \cdots p_k^{r_k}\left(1 - \frac{1}{p_1}\right)\left(1 - \frac{1}{p_2}\right)\cdots\left(1 - \frac{1}{p_k}\right)$$

$$= p_1^{r_1 - 1} p_2^{r_2 - 1} \cdots p_k^{r_k - 1}(p_1 - 1)(p_2 - 1)\cdots(p_k - 1)$$

(1) 若存在素数 $p_i > 2(1 \leq i \leq k)$, 则 $p_i - 1$ 为偶数, 于是 $\varphi(n)$ 为偶数;

(2) 若 $p_1 = p_2 = \cdots = p_k = 2$, 则 $\varphi(n) = \varphi(2^m) = 2^{m-1}(2-1)$ 为偶数, $m \geq 2$.

20. 设 $n = md, n \geq 1$, 试证: 在模 n 的完全剩余系 $1, 2, \cdots, n$ 中, 满足 $\gcd(x, n) = d$ 的 x 共有 $\varphi(m)$ 个.

分析　本题主要是考察完全剩余系.

证明　在 n 的完全剩余系 $1,2,\cdots,n$ 中,d 的倍数是形如 $kd,1\le k\le m$ 的数.

易知,$\gcd(kd,n)=d$,当且仅当 $\gcd\left(k,\dfrac{n}{d}\right)=1$. 这说明只有 k 是 $1,2,\cdots,\dfrac{n}{d}=m$ 中与 m 互素的数时,kd 与 n 的最大公约数才是 d. 所以,k 的个数等于 $\varphi\left(\dfrac{n}{d}\right)=\varphi(m)$.

21. 证明:若正整数 n 的所有正约数为 $d_1,d_2,\cdots,d_{T(n)}$,则 $n=\displaystyle\sum_{i=1}^{T(n)}\varphi(d_i)$.

分析　本题主要用到主要是由正整数 n 的所有正约数为 $d_1,d_2,\cdots,d_{T(n)}$ 得到 $\dfrac{n}{d_1},\cdots,\dfrac{n}{d_{T(n)}}$ 也是 n 的所有正约数,接着就相对比较容易.

证明　由假设 $\dfrac{n}{d_1},\cdots,\dfrac{n}{d_{T(n)}}$ 也是 n 的所有正约数. 因此

$$\sum_{i=1}^{T(n)}\varphi(d_i)=\sum_{i=1}^{T(n)}\varphi\left(\frac{n}{d_i}\right) \qquad ①$$

又因为在 n 的完全剩余系 $1,2,\cdots,n$ 中,任一数与 n 的最大公约数必是 $d_1,\cdots,d_{T(n)}$ 中的某一数. 若将 $1,2,\cdots,n$ 中所有与 n 的最大公约数相同的数归作一类,则 $1,2,\cdots,n$ 中的数可分为 $T(n)$ 类,各类中所含数的个数分别为 $\varphi\left(\dfrac{n}{d_1}\right),\cdots,\varphi\left(\dfrac{n}{d_{T(n)}}\right)$. 于是 $\displaystyle\sum_{i=1}^{T(n)}\varphi\left(\dfrac{n}{d_i}\right)=n$.

再由式 ①,得 $n=\displaystyle\sum_{i=1}^{T(n)}\varphi(d_i)$

例如,设 $n=20$,则 $d_1=1,d_2=2,d_3=4,d_4=5,d_5=10,d_6=20$,此时,

$$\sum_{i=1}^{6}\varphi(d_i)=\varphi(1)+\varphi(2)+\varphi(4)+\varphi(5)+\varphi(10)+\varphi(20)$$
$$=1+1+2+4+4+8=20=n$$

22. 设 d 是满足 $a^x\equiv1(\bmod\ m)$ 的所有正整数 x 中的最小数,证明:$d\mid x$.

分析　本题主要是根据 $x=qd+r,0\le r<d$,来证明 $r=0$.

证明　设 $x=qd+r,0\le r<d$. 因为 $a^x=a^{qd+r}=a^{qd}\cdot a^r=\left(a^d\right)^q\cdot a^r$,所以 $a^r\equiv1(\bmod\ m)$. 但 $0\le r<d$,于是必有 $r=0$. 从而 $x=qd$. 故 $d\mid x$.

23. 设 $a^{m-1}\equiv1(\bmod\ m)$ 并且对 $m-1$ 的任意真约数 n,$a^n\not\equiv1(\bmod\ m)$. 试证:m 是素数.

分析　本题是对第 22 题的进一步推进,根据欧拉定理可以得到.

证明　由上题及假设知,$m-1$ 是满足 $a^x\equiv1(\bmod\ m)$ 的最小数. 再由欧拉定理,有
$$a^{\varphi(m)}\equiv1(\bmod\ m)$$
于是,$\varphi(m)\ge m-1$. 但若 $m>1$,则 $\varphi(m)\le m-1$. 因此,$\varphi(m)=m-1$. 故 m 是素数.

24. 在 RSA 方法中,令 $p=3,q=11$,取 $d=11$,试计算出加密密钥. 设每个明码文区组只含一个字符,使用的代码为 A $=01$,B $=02$,$\cdots$,Z $=26$. 试加密明码文 SUZANNE,并进行验算.

分析　本题主要是根据 RSA 加密解密算法来求得.

解　因为 $p=3,q=11,d=11$,所以得到 $\varphi(n)=(p-1)(q-1)=20$,由扩展的欧几里得算法可以得到 $ed\bmod\varphi(n)=1$ 中的 $e=11$,使用 RSA 加密加解密算法加密运算 $C=M^e\bmod\ n$,解密运算:$M=C^d\bmod\ n$,对 SUZANNE 进行加解密得到的结果为

符号		代码		加密后 C
		解密 M		代码
S	19	191	19	S
U	21	21	21	U
Z	26	26	26	Z
A	01	1	1	A
N	14	14	14	N
N	14	14	14	N
E	05	5	5	E

25. 请给出破解 RSA 密码的步骤.

分析　本题主要是共模攻击,运用欧几里得算法求得.

解　共模攻击. 在实现 RSA 时,为方便起见,可能给每个用户相同的模数 n,虽然加解密密钥不同,然而这样做就可以进行破译.

设两个用户的公开密钥为 e_1, e_2,且 e_1, e_2 互素,明文消息为 m,密文分别为 $c_1 = m^{e_1}(\bmod\ n)$, $c_2 = m^{e_2}(\bmod\ n)$. 敌人截获 c_1, c_2 后,可如下恢复 m:用扩展的欧几里得算法求出满足 $re_1 + se_2 = 1$ 的两个整数 r, s 其中一个为负,设为 r,再次使用扩展的欧几里得算法求出 c_1^{-1},由此得到 $(c_1^{-1})^{-1} c_2^{s} = m \bmod n$.

26. 设 $p = 2\ 357$,取 $\alpha = 2$,私人密钥 $d = 1\ 751$,计算出公开密钥 $y = 2^{1\ 757} \bmod 2\ 357 = ?$,设明文 $M = 2\ 035$,随机数 $k = 1\ 520$,试计算 C_1 和 C_2,并解密 M.

解　使用 $[(a \bmod n) \times (b \bmod n)] \bmod n = (a \times b) \bmod n.$ 可以求得

$y = 2^{1\ 757} \bmod 2\ 357 = 416, U = y^k \bmod p, C_1 = a^k \bmod p, C_2 = UM \bmod p$,所以 $U = 1\ 881, C_1 = 1\ 430, C_2 = 1\ 881 \times 2\ 035\ \bmod 2\ 357 = 67$.

解密过程如下:

①计算 $V = C_1^d \bmod p = (1\ 430^{1\ 751}) \bmod 2\ 357 = 1\ 564$.

②计算 $M = C_{2V^{-1}} \bmod p = (67 \times (1\ 564^{-1})) \bmod 2\ 357 = 2\ 035$.

第 20 章 群

1. 设 G 是群, $a,b \in G$. 试证: $(a^{-1})^{-1} = a, (ab)^{-1} = b^{-1}a^{-1}$.

证明　设 e 是单位元(下同), 直接根据定义即可.

因为 $a^{-1}a = e, (ab)(b^{-1}a^{-1}) = a(bb^{-1})a^{-1} = (ae)a^{-1} = aa^{-1} = e$, 所以 $(a^{-1})^{-1} = a, (ab)^{-1} = b^{-1}a^{-1}$.

2. 试举一个只有两元素的群.

解　设 $G = \langle \{0,1\}, \oplus \rangle$, 并且 G 的单位元为 0, 则可以确定乘法表中的三个元素: $0 \oplus 0 = 0$; $0 \oplus 1 = 1$; $1 \oplus 0 = 1$; 由群的定义, 任意元素都有逆元, 0 的逆元为 0, 1 的逆元为 1, 因此 $1 \oplus 1 = 0$. 因此乘法运算 $\oplus$ 见下表:

$\oplus$	0	1
0	0	1
1	1	0

易知, 单位元 $e = 0$, 运算满足封闭性和结合律, 且 $1^{-1} = 1$. 故 G 是群.

3. 设 $A = \{1,2,3,4\}$ 的乘法表见主教材表 20.6.

主教材表 20.6

因数	1	2	3	4
1	2	1	4	3
2	4	2	3	1
3	1	3	2	4
4	3	4	1	2

问: A 是否成为群? 若不是群, 结合律是否成立? A 有无单位元?

解　如果 A 是一个群, 则一定有单位元 i, 乘法表中第 i 行第 i 列元素保持不变, 而定义的乘法表不满足此性质. 因此 A 无单位元, 故 A 不成群. 且 $4 = (2 \cdot 3) \cdot 4 \neq 2 \cdot (3 \cdot 4) = 1$, 无结合律.

4. 设 G 是群. 试证: 若对任何 $a,b \in G$, 均有 $a^3b^3 = (ab)^3, a^4b^4 = (ab)^4, a^5b^5 = (ab)^5$, 则 G 是交换群.

证明　利用消去律, 将各等式降阶. 因为 $a^3b^3 = (ab)^3 = a(ba)^2b$, 所以 $a^2b^2 = (ba)^2$.　　　　①

又因为 $a^5b^5 = (ab)^5 = a(ba)^4b$, 所以 $a^4b^4 = (ba)^4$.　　　　②

因此, $a^4b^4 \overset{(2)}{=} (ba)^4 = (ba)^2(ba)^2 \overset{(1)}{=} (a^2b^2)(a^2b^2) = a^2(b^2a^2)b^2$, 于是得 $a^2b^2 = b^2a^2$, 再由式①知, $b^2a^2 = a^2b^2 = (ba)^2 = baba$, 故有 $ab = ba$.

5. 设 G 是群. 试证:若对任何 $a \in G$,有 $a^{-1} = a$,则 G 是交换群.

证明 利用群的性质(3),(4),对任意 $a,b \in G$,有 $ab = a^{-1}b^{-1} = (ba)^{-1} = ba$. 故 G 是交换群.

6. 设 G 是群,$|G| = 2n$,n 是正整数. 试证:存在 $a \in G$,$a \neq e$ 使 $aa = e$.

证明 任取 $x \in G$. 若 $x \neq x^{-1}$,则 x 和 x^{-1} 在 G 中成对出现. 注意到群 G 的元素个数为偶数,因此 在 G 中满足 $y = y^{-1}$ 即 $yy = e$ 的元素个数也是偶数. 但 e 满足 $e^2 = e$. 故除 e 之外,至少还有一个 $a \in G$,使得 $a^2 = e$.

7. 试证:1 阶群、2 阶群、3 阶群和 4 阶群都是交换群,并构造一个不是交换群的 6 阶群.

证明 设 1 至 4 阶群分别为

$$G_1 = \{e\}, G_2 = \{e,a\}, G_3 = \{e,a,b\}, G_4 = \{e,a,b,c\}$$

(1)显然,G_1 是交换群.

(2)因为 $ea = ae = a$,所以 G_2 是交换群.

(3)对 G_3,若 $ab = a$,则有 $a(ab) = aa$,即 $(aa)b = aa$,从而 $b = e$(矛盾);同理,若 $ab = b$,则有 $a = e$(矛盾). 因此必有 $ab = e$. 又

$$ba = ba(bb^{-1}) = b(ab)b^{-1} = beb^{-1} = bb^{-1} = e = ab$$

故 G_3 是交换群.

(4)对于 G_4.

(i)若 a,b,c 中两个元素互为逆元,不妨设 $ab = ba = e$,则必有 $ac = b$ 且 $ca = b$,否则有 $c = e$ 或 $a = e$. 同理可证 $bc = cb = a$.

(ii)若 a,b,c 各自以自身为逆元,即 $aa = bb = cc = e$,则必有 $ab = ba = c$,$bc = cb = a$,$ac = ca = b$.

总之,G_4 是交换群. (其实可以用第 5 题的结论直接得出)

设 $S = \{a,b,c\}$. 由 S 上的所有 3 元置换所组成的集合 $S_3 = \{\sigma_1, \sigma_2, \cdots, \sigma_6\}$ 对于置换的乘法运算构成一个群. 但它不是交换群,即

$$\sigma_i \sigma_j \neq \sigma_i \sigma_j, \quad 1 \leqslant i,j \leqslant 6$$

8. 设 G 是群,$a,b \in G$. 试证:

(1)a, a^{-1}, b^{-1}, ab 有相同的周期;

(2)ab 与 ba 有相同的周期.

证明 (1)因为对任意整数 k,$a^k = e$ 当且仅当 $(a^{-1})^k = e$. 所以 a 的周期是无限的,当且仅当 a^{-1} 的周期是无限的. 若 a 的周期是 k(正数),则 a^{-1} 的周期 $k_1 \leqslant k$. 由对称性有 $k \leqslant k_1$. 因此,$k = k_1$. 故 a 与 a^{-1} 的周期相同. 注意到 $(b^{-1}ab)^k = b^{-1}a^kb$,于是 $(b^{-1}ab)^k = e$ 当且仅当 $b^{-1}a^kb = e$ 当且仅当 $a^k = e$. 因此 $b^{-1}ab$ 与 a 的周期相同.

(2)由(1),只需证对任意整数 k,$(ab)^k = e$ 当且仅当 $(ba)^k = e$.

当 $k = 0$ 时,结论显然成立. 今设 $k > 0$. 则 $(ab)^k = e$ 当且仅当 $a(ba)^{k-1}b = e$ 当且仅当 $(ba)^{k-1} = a^{-1}b^{-1}$ 当且仅当 $(ba)^{k-1} = (ba)^{-1}$ 当且仅当 $(ba)^k = e$.

再设 $k < 0$. 令 $l = -k > 0$,由上有 $(ab)^l = e$ 当且仅当 $(ba)^l = e$. 注意到对任意 $x \in G$,$x^l = e$ 当且仅当 $x^{-l} = e$,于是 $x^l = e$ 当且仅当 $x^k = e$. 故 $(ab)^k = e$ 当且仅当 $(ba)^k = e$.

9. 设 G 是群,令

$$Z(G) = \{a \in G \mid ax = xa, \text{对任意 } x \in G\}$$

试证:$Z(G)$是 G 的子群. $Z(G)$ 称为 G 的中心,$Z(G)$ 的元素称为 G 的中心元素.

证明 任取 $a,b\in Z(G)$,则对任意 $x\in G$,有 $ax=xa,bx=xb$ 从而

$$ab^{-1}x=a(xx^{-1})b^{-1}x=(ax)(x^{-1}b^{-1})x=(ax)(bx)^{-1}x$$
$$=(xa)(b^{-1}x^{-1})x=x(ab^{-1})(x^{-1}x)=xab^{-1}$$

因此,$ab^{-1}\in Z(G)$. 故 $Z(G)$ 是 G 的子群.

10. 设 G 是一个群,$a,b\in G$ 且 $ab=ba$,a 和 b 的周期分别为 m 和 n,m 与 n 互素,证明:ab 的周期等于 mn.

分析 设 ab 周期为 t,利用主教材定理20.2.5(2),分两步分别证明 $t\mid mn$,$mn\mid t$.

证明 设 ab 的周期为 t. 由 $ab=ba$ 得 $(ab)^{mn}=a^{mn}b^{mn}=e$. 于是 $t\mid mn$(主教材定理20.2.5). 又 $e=(ab)^t=a^tb^t$. 令 $c=a^t=b^{-t}$. 设 c 的周期为 p.

因为 $c^m=(a^t)^m=a^{mt}=e$,所以 $p\mid m$(主教材定理20.2.5). 又因为 $c^n=b^{-tn}=e$,所以 $p\mid n$,于是 $p\mid(m,n)$ 但 $\gcd(m,n)=1$,故 $p=1$. 从而 $a^t=e,b^t=e$. 于是,有 $m\mid t,n\mid t$. 即 $t\mid[m,n]$,而 $\gcd(m,n)=1$,因此,$mn\mid t$,故 $t=mn$.

11. 设 a 是群 G 的一个元素,其周期为 n,H 是 G 的子群,试证:如果 $a^m\in H$,且 n 与 m 互素,则 $a\in H$.

分析 因为 n,m 互素,利用整除性质,易证 $a\in H$.

证明 因为 $\gcd(m,n)=1$,所以存在整数 s,t 使得 $sm+tn=1$. 于是 $a=a^{sm+tn}=(a^m)^s$. 但 $a^m\in H$,且 H 是 G 的子群. 故 $a\in H$.

12. 设 G 是群,$a,b\in G$ 且 $ab=ba$,a 和 b 的周期分别为 s 和 t. 试证:若 $(a)\cap(b)=\{e\}$,则 ab 的周期等于 s 与 t 的最小公倍数.

分析 设 ab 的周期为 m,s 和 t 的最小公倍数为 n,要证明 $m=n$,只需证明 $m\mid n,n\mid m$ 即可. 利用主教材定理20.2.5易证 $m\mid n$;利用整除的基本性质,可以将 m 表示成 s,t 的倍数与余数之和,利用 $(a)\cap(b)=\{e\}$,可得 $s\mid m,t\mid m$,即 m 是 s,t 的倍数,$n\mid m$.

证明 设 s 和 t 的最小公倍数为 n. ab 的周期为 m. 因为 $ab=ba$,所以,$(ab)^n=a^nb^n=e$,从而 $m\mid n$. 又设 $m=ps+r_1,0\le r_1<s,m=qt+r_2,0\le r_2<t$.

因为 $(a)\cap(b)=\{e\}$,所以 $a^{r_1}=b^{r_2}$ 当且仅当 $r_1=r_2=0$. 又 $e=(ab)^m=a^mb^m=a^{r_1}b^{r_2}$,因此,$a^{r_1}=b^{-r_2}$,从而 $r_1=r_2=0$. 于是 $s\mid m,t\mid m$,即 $m=[s,t]$. 因此 $n\mid m$. 故 $m=n$.

另证 设 ab 的周期为 m. 因为 $e=(ab)^m=a^mb^m$ 且 $(a)\cap(b)=\{e\}$,所以 $a^m=e,b^m=e$(否则,$a^m=(b^m)^{-1}=b^{-m}\in(b)$,从而得 $m=0$. 此与 m 的假设矛盾). 于是,$s\mid m,t\mid m$ 即 m 是 s 和 t 的公倍数. 若 s,t 的最小公倍数不是 m 而是 m',则 $0<m'<m$,且 $(ab)^{m'}=a^{m'}b^{m'}=e$,此与 m 的假设矛盾. 因此得证.

13. 设 G 是一个群,$a,b\in G$ 且 $ab=ba$,a 和 b 的周期为素数 p,且 $a\notin(b)$. 试证:$(a)\cap(b)=\{e\}$.

分析 用反证法,则有非单位元 x,$x=a^s=b^t$,利用 p 为素数,整除性质有 $ms+np=1$,容易推出矛盾 $a\in(b)$.

证明 若 $(a)\cap(b)\ne\{e\}$,则存在 $x\in(a)\cap(b)$ 且 $x\ne e$,即存在整数 s,t,使 $x=a^s=b^t$ 且 $1\le s<p$.

因 p 是素数，所以存在整数 m,n，使 $ms+np=1$. 于是 $a=a^{ms+np}=a^{ms}=b^{tm}\in(b)$，即 $a\in(b)$，矛盾. 故 $(a)\cap(b)=\{e\}$.

14. 写出 S_3 的群表.

解　设 $\sigma_1=(1),\sigma_2=(12),\sigma_3=(13),\sigma_4=(23),\sigma_5=(123),\sigma_6=(132)$. 于是，根据置换的乘法运算规则，有

元素	σ_1	σ_2	σ_3	σ_4	σ_5	σ_6
σ_1	σ_1	σ_2	σ_3	σ_4	σ_5	σ_6
σ_2	σ_2	σ_1	σ_6	σ_5	σ_4	σ_3
σ_3	σ_3	σ_5	σ_1	σ_6	σ_2	σ_4
σ_4	σ_4	σ_6	σ_5	σ_1	σ_3	σ_2
σ_5	σ_5	σ_3	σ_4	σ_2	σ_6	σ_1
σ_6	σ_6	σ_4	σ_2	σ_3	σ_1	σ_5

15. 证明：任何对换都是一个奇置换，又恒等置换是偶置换.

分析　根据对换的定义和主教材命题 20.3.4 即可证.

证明　(1) 设 σ 为 n 元对换，σ 可分解成一些对换的乘积，显然有 $\sigma=\sigma$，由主教材命题 20.3.4 可知，对换 σ 是一个奇置换.

(2) 设 σ 为 n 元恒等置换，ρ 是 n 元对换，显然有 $\sigma=\rho\rho^{-1}$，由主教材命题 20.3.4 可知，对换 σ 是一个偶置换.

16. 设 n 元置换 $\sigma=\sigma_1\sigma_2\cdots\sigma_r$，其中 $\sigma_1\sigma_2\cdots\sigma_r$ 互不相交，且 $|\sigma_i|=l_i,i=1,2,\cdots,r$. 试证：$\sigma$ 的周期（即满足 $\sigma^n=e$ 的最小正整数 n）等于 $l_1,l_2,\cdots,l_r$ 的最小公倍数.

分析　设周期为 d，最小公倍数为 m，根据定义易证 $d\mid m$；由 $\sigma_1,\sigma_2,\cdots,\sigma_r$ 互不相交，证 $l_i\mid d$，$i=1,2,\cdots,r$.

证明　设 σ 的周期为 d. $l_1,l_2,\cdots,l_r$ 的最小公倍数为 m. 因 $\sigma_1,\sigma_2,\cdots,\sigma_r$ 互不相交，所以 $\sigma^m=\sigma_1^m\sigma_2^m\cdots\sigma_r^m=e$. 于是 $d\mid m$. 另外，因为 $e=\sigma^d=\sigma_1^d\sigma_2^d\cdots\sigma_r^d$ 且 $\sigma_1,\sigma_2,\cdots,\sigma_r$ 互不相交，因此，$\sigma_1^d=\sigma_2^d=\cdots=\sigma_r^d=e$.

于是，$l_i\mid d,i=1,2,\cdots,r$. 由最小公倍数的性质知，$m\mid d$，故 $d=m$.

17. 设 $\sigma=\begin{pmatrix}1&2&3&4&5&6\\5&6&3&1&4&2\end{pmatrix}$，$\tau=\begin{pmatrix}1&2&3&4&5&6\\3&4&6&2&5&1\end{pmatrix}$ 是 S_6 的两个置换.

(1) 写出 σ,τ 的轮换表示，并求出 σ 和 τ 的周期.

(2) 计算 $\sigma\tau$，$\tau\sigma$，σ^{-1}，σ^2，σ^3，$\tau^{-1}\sigma$　τ.

解　(1) $\sigma=(154)(26)$，$\tau=(136)(24)$. 由第 16 题有 σ 和 τ 的周期为 6.

(2) $\sigma\tau=(154)(26)(136)(24)=(154)(1326)(24)$

$\qquad=(154)(24613)=(132)(465)$

$\tau\sigma=(136)(24)(154)(26)=(136)(1524)(26)$

$\qquad=(136)(26415)=(2\ 1\ 5)(6\ 4\ 3)$

$\sigma^{-1}=(145)(26)$

$\tau^{-1}=(163)(24)$

$$\sigma^2 = (154)(26)(154)(26) = (154)(154)(26)(26) = (145)$$

$$\sigma^3 = \sigma^2 \sigma = (145)(154)(26) = (26)$$

$$\tau^{-1} \sigma \tau = (163)(24)(154)(26)(136)(24)$$

$$= (163)(1524)(1326)(24) = (152463)(24613) = (265)(34)$$

18. 试找出 S_3 的所有子群.

解 设 $S_3 = \{\sigma_1, \sigma_2, \cdots, \sigma_6\} = \{(1), (12), (13), (23), (123), (132)\}$.

其子群有 $G_1 = \{(1)\}, G_2 = \{(1), (12)\}, G_3 = \{(1), (13)\}$,

$\quad\quad\quad G_4 = \{(1), (23)\}, G_5 = \{(1), (123), (132)\}, G_6 = S_3$

19. 设 $G_1 = \{e, (14), (23), (12)(34), (13)(24), (14)(23), (1243), (1342)\}$

$\quad\quad\quad G_2 = \{e, (13), (24), (12)(34), (13)(24), (14)(23), (1234), (1432)\}$

试判断 G_1 和 G_2 是否是 S_4 的子群, 并说明理由.

解 因 G_1 和 G_2 均有限, 且不难验证, G_1 和 G_2 对乘法运算均封闭. 故由主教材定理 20.2.2 知, G_1 和 G_2 均为 S_4 的子群.

20. 设 A 和 B 是群 G 的子群, 试证: AB 是 G 的子群当且仅当 $AB = BA$.

分析 充分性证明分两步, 利用子群的性质分别证明 $AB \subseteq BA$, $BA \subseteq AB$; 利用主教材定理 20.2.3 证明 AB 是 G 的子群.

证明 设 $AB = \{ab \mid a \in A, b \in B\}$ 是 G 的子群. 任取 $ab \in AB$, 有 $(ab)^{-1} = b^{-1}a^{-1} \in AB$. 即存在 $a_1 \in A, b_1 \in B$, 使 $(ab)^{-1} = b^{-1}a^{-1} = a_1 b_1$, 于是, $ab = (a_1 b_1)^{-1} = b_1^{-1} a_1^{-1} \in BA$, 从而 $AB \subseteq BA$. 反之, 任取 $ba \in BA$, 则 $(ba)^{-1} = a^{-1}b^{-1} \in AB$. 于是, $((ba)^{-1})^{-1} = ba \in BA$ 从而 $BA \subseteq AB$.

总之, $AB = BA$. 另外, 设 $AB = BA$. 任取 $a_1 b_1, a_2 b_2 \in AB$. 因 A, B 是 G 的子群. 所以 $(a_2 b_2)^{-1} = b_2^{-1} a_2^{-1} \in BA$. 又因 $AB = BA$. 因此存在 $a_3 \in A, b_3 \in B$ 使得 $b_2^{-1} a_2^{-1} = a_3 b_3$. 从而

$$(a_1 b_1)(a_2 b_2)^{-1} = (a_1 b_1)(b_2^{-1} a_2^{-1}) = (a_1 b_1)(a_3 b_3) = a_1 (b_1 a_3) b_3$$

$$= a_1 (a_4 b_4) b_3 = (a_1 a_4)(b_4 b_3) = a_5 b_5 \in AB$$

其中, $a_4, a_5 \in A, b_4, b_5 \in B$. 由主教材定理 20.2.3 知, AB 是 G 的子群.

21. 设 H 是群 G 的子群, $|G:H| = 2$. 试证: H 是 G 的正规子群.

证明 因为 $|G:H| = 2$, 所以 H 在 G 中只有两个左陪集: H 和 $G - H$. 也只有两个右陪集: H 和 $G - H$. 任取 $x \in G$, 若 $x \in H$, 则 $xH = H = Hx$. 若 $x \notin H$, 则 $xH = G - H = Hx$, 故恒有 $xH = Hx$. 即 H 是 G 的正规子群.

22. 求 A_4 对子群 $K = \{e, (12)(34), (13)(24), (14)(23)\}$ 的左陪集分解. K 称为 Klein 四元群.

分析 根据主教材定理 20.3.2, A_4 的阶为 12,

$A_4 = \{e, (12)(34), (13)(24), (14)(23), (234), (132), (143), (124), (243), (142), (123), (134)\}$ $|A_4 : K| = 3$, 任意取 $x \in A_4, x \notin K$, 得左陪集 xK, $A_4 - K - xK$ 为另一左陪集.

解 令 $e = (1)$. 共有三个左陪集: $(1)K = K$, $(234)K = \{(234), (132), (143), (124)\}$, $(243)K = \{(243), (142), (123), (134)\}$ $A_4 = K \cup (234)K \cup (243)K$

23. 证明: Klein 四元群是 A_4 的正规子群.

分析 利用第 22 题结论, 易证 K 满足正规子群定义.

证明　注意到　　　　$K(234) = \{(234),(132),(143),(124)\} = (234)K$

$$K(243) = \{(243),(142),(123),(134)\} = (243)K$$

因此，A_4 关于 K 的左、右陪集分解相同，且此分解是一个等价类分解. 所以，对任意 $x \in A_4$，有 $x \in aH = Ha$，其中 $a = (1)$ 或 (234) 或 (243)，从而，$xH = aH = Ha = Hx$，故 K 是 A_4 的正规子群.

24. 设 H 是群 G 的子群. 试证：H 在 G 中的所有左陪集中恰有一个子群，即 $eH = H$.

分析　利用群的性质，H 是子群，则 $e \in H$；如果陪集 aH 是子群，则有 $e \in aH$，由陪集的性质 5，可知 $H = aH$.

证明　设 e 是群 G 的单位元. 因 $eH = H$，所以子群 H 是 G 的一个左陪集. 若另有一个陪集 aH 也是 G 的子群，则 $e \in aH$. 于是，$H \cap aH \neq \varnothing$.

由 20.4 节的性质 5 知，$H = aH$. 故结论成立.

25. 设 G 是有限群，K 是 G 的子群，H 是 K 的子群. 试证：$|G:H| = |G:K| \cdot |K:H|$.

证明　由 Lagrange 定理，有 $|G| = |G:K| \cdot |K|$，$|G| = |G:H| \cdot |H|$，$|K| = |K:H| \cdot |H|$. 于是 $|G:K| \cdot |K:H| \cdot |H| = |G:H| \cdot |H|$，从而 $|G:H| = |G:K| \cdot |K:H|$.

26. 设 p 是素数，试证：p^m 阶群中必含一个 p 阶子群，其中 m 是正整数.

分析　因为 p 是素数，所以 p^m 阶群的任意非单位元群的子群周期 n 均可写成 $n = p^k$，$1 \leqslant k \leqslant m$.

证明　设 G 是 p^m 阶群，任取 $a \in G$，$a \neq e$. 设 a 的周期为 n，则 $n | p^m$，且 $n \neq 1$. 又因为 p 是素数，所以，$n = p^k$，$1 \leqslant k \leqslant m$、若 $k = 1$，则 (a) 是 p 阶子群；若 $k > 1$，令 $b = a^{p^{k-1}}$，则 b 的周期为 p. 于是，(b) 是 p 阶子群.

27. 设 G 是群，$G \overset{\sigma}{\sim} G'$，$G' \overset{\tau}{\sim} G''$. 试证：$G \overset{\tau\sigma}{\sim} G''$.

分析　根据主教材定义 20.5.1 即可证.

证明　显然，$\tau\sigma$ 是 G 到 G'' 上的复合映射，且对任意 $a,b \in G$ 有

$$\tau\sigma(ab) = \tau(\sigma(ab)) = \tau(\sigma(a)\sigma(b)) = \tau(\sigma(a))\tau(\sigma(b)) = \tau\sigma(a)\tau\sigma(b) \text{ 故 } G \overset{\tau\sigma}{\sim} G''.$$

28. 设 G 是群，$a \in G$，映射 $\sigma: G \to G$ 定义如下：

$$\sigma(x) = axa^{-1}, \quad x \in G$$

试证：σ 是 G 到 G 的一个自同构.

分析　利用主教材定义 20.5.2 和定义 20.5.3，分别证明 σ 是 G 到 G 的同态，并且是双射.

证明　对任意 $x,y \in G$，$x \neq y$，显然 $axa^{-1} \neq aya^{-1}$. 因此 σ 是单射. 又对任意 $b \in G$，有 $x = a^{-1}ba \in G$，使 $\sigma(x) = axa^{-1} = a(a^{-1}ba)a^{-1} = b$. 故 σ 是满射，从而 σ 是 G 到 G 的双射. 再任取 $x,y \in G$. 有

$$\sigma(xy) = a(xy)a^{-1} = a(xa^{-1}ay)a^{-1} = (axa^{-1})(aya^{-1}) = \sigma(x)\sigma(y)$$

综上可知，σ 是 G 到 G 的一个自同构.

29. 证明：循环群的同态像必是循环群.

分析　利用同态像的性质 $\sigma(a^k) = (\sigma(a))^k$ 以及循环群的定义可证.

证明　设 G 是循环群，a 是生成元，σ 是 G 到 G' 的同态，且 $\sigma(G) = G'$. 令 $b = \sigma(a) \in G'$. 于是，对任意 $x \in G'$，存在整数 k，使

$$x = \sigma(a^k) = (\sigma(a))^k = b^k$$

这说明 $G' = (b)$. 即 G' 是循环群.

30. 设群 $G \overset{\sigma}{\sim} G'$，$K$ 是 σ 的核，H 是 G 的正规子群，并且 $K \subseteq H$，$H' = \sigma(H)$. 试证：$G/H \cong G'/H'$（第一同构定理）.

分析　利用主教材定理 20.4.2 易证 H' 是 G' 的正规子群，由主教材定理 20.5.3 知存在 G' 到 G'/H' 的自然同态 τ 则有 G 到 G'/H' 的同态 $\varphi = \tau\sigma$，利用同态定义证明 $\mathrm{Ker}(\varphi) = H$，根据主教材定理 20.5.4 证明结论成立.

证明　先证 H' 是 G' 的正规子群. 对任意 $a' \in G'$ 有 $a \in G$ 使 $\sigma(a) = a'$. 因为 H 是 G 的正规子群，所以 $aHa^{-1} \subseteq H$. 于是 $\sigma(aHa^{-1}) \subseteq \sigma(H)$. 即 $a'H'a'^{-1} \subseteq H'$. 故 H' 是 G' 的正规子群.

设 τ 是 G' 到 G'/H' 的自然同态. 令 $\varphi = \tau\sigma$. 则 $G \sim G'/H'$. 由

$$a \in \mathrm{Ker}(\varphi) \Leftrightarrow \varphi(a) = H' \Leftrightarrow \tau(\sigma(a)) = H' \Leftrightarrow \sigma(a) \in H' = \sigma(H)$$

$$\Leftrightarrow a \in \sigma^{-1}(\sigma(H)) = HK \quad (= H, \text{因为 } K \subseteq H)$$

得 $\mathrm{Ker}(\varphi) = H$. 从而，由第三同态定理得 $G/H \cong G'/H'$.

31. 设 H 和 K 都是群 G 的正规子群，$H \supseteq K$. 由第一同构定理证明：$G/H \cong \dfrac{G/K}{H/K}$.

分析　对照第一同构定理形式，本题的证明关键是定义一个以 H/K 为核的同态 σ，令 $\sigma(xK) = xH$，$\forall x \in G$，容易验证 σ 满足同态的性质，并且 $\mathrm{Ker}(\sigma) = H/K$.

证明　令 $\sigma(xK) = xH$，$\forall x \in G$. 由 $H \supseteq K$ 不难知道，σ 是 G/K 到 G/H 的映射，且显然是满射. 又对任意 $xK, yK \in G/K$，

$$\sigma((xK)(yK)) = \sigma(xyKK) = \sigma((xy)K) = (xy)H$$
$$= xyHH = (xH)(yH) = \sigma(xK)\sigma(yK)$$

从而，$G/K \overset{\sigma}{\to} G/H$. 同态核为

$$\mathrm{Ker}(\sigma) = \{xK \mid x \in G, \sigma(xK) = H\} = \{xK \mid x \in G, xH = H\}$$
$$= \{xK \mid x \in H\} = H/K$$

由第一同构定理，得 $G/H \cong (G/K)/(H/K)$.

32. 设 K 是群 G 的正规子群，H 是 G 的任意子群，试证：$HK/K \cong H/H \cap K$（第二同构定理）.

分析　分别构造两个同态：HK 到 H 的满同态 f 以及 H 到 $H/H \cap K$ 的同态 φ；由子群的性质 $H \cap K$ 是 G 的正规子群，因此 φ 是自然同态. 证明 HK 到 $H/H \cap K$ 的同态 $g = \varphi f$ 核 $\mathrm{Ker}(g) = K$，利用第三同态定理得证.

证明　可以证明 HK 是 G 的子群，$H \cap K$ 是 G 的正规子群，显然也是 H 的正规子群. 令 $f(hk) = h$，$\forall h \in H, k \in K$. 不难验证，f 是 HK 到 H 的满同态.

又设 φ 是 H 到 $H/H \cap K$ 的自然同态. 于是，$g = \varphi f$ 是从 HK 到 $H/H \cap K$ 的满同态. 并且，对任意 $\forall h \in H, k \in K$，

$$g(hk) = H \cap K \Leftrightarrow f(hk) \in H \cap K \Leftrightarrow h \in H \cap K \Leftrightarrow h \in K \Leftrightarrow hk \in K$$

故 $\mathrm{Ker}(g) = K$. 由第三同态定理有，$HK/K \cong H/H \cap K$.

第 *21* 章 环 与 域

1. 设实数集 **R** 中的加法是普通的加法, 乘法定义如下:

$$a \times b = |a|b, \quad a,b \in \mathbf{R}$$

试问 **R** 是否构成环.

解 不构成环. 因这里乘法对加法不满足分配律. 例如:

$$(-2+1) \times 2 = (-1) \times 2 = |-1| \cdot 2 = 2$$

而

$$(-2) \times 2 + 1 \times 2 = |-2| \cdot 2 + |1| \cdot 2 = 6$$

2. 设整数集 **Z** 中的加法是普通数的加法, 乘法定义为 $ab = 0, a, b \in \mathbf{Z}$, 试问 **Z** 是环吗?

解 **Z** 是环. 因对于加法 **Z** 构成一个交换群, 对于乘法 **Z** 满足结合律, 且乘法对加法可分配:

$$(a+b)c = 0 = 0 + 0 = ac + bc$$

对于 $\forall a, b, c \in \mathbf{Z}$

$$c(a+b) = 0 = 0 + 0 = ca + cb$$

3. 已知实数集 **R** 对于普通加法和乘法是一个含幺环, 对任意 $a, b \in \mathbf{R}$, 定义

$$a \oplus b = a + b - 1$$
$$a \otimes b = a + b - ab$$

试证: **R** 对运算 $\oplus$ 和 $\otimes$ 也形成一个含幺环.

证明 因为

$$(a \oplus b) \oplus c = (a \oplus b) + c - 1 = a + b - 1 + c - 1$$
$$a \oplus (b \oplus c) = a + (b \oplus c) - 1 = a + b + c - 1 - 1$$

所以, $\oplus$ 满足结合律. 又因为

$$a \oplus b = a + b - 1 = b + a - 1 = b \oplus a$$
$$a \oplus 1 = 1 \oplus a = a + 1 - 1 = a$$
$$a \oplus (2-a) = (2-a) \oplus a = 1$$

所以, $\oplus$ 满足交换律, 零元是 1, a 的负元为 $2-a$.

以上说明 $\langle \mathbf{R}, \oplus \rangle$ 是一个交换群. 再因为

$$(a \otimes b) \otimes c = a \otimes b + c - (a \otimes b)c$$
$$= (a+b-ab) + c - (a+b-ab)c$$
$$= a + b + c - ab - ac - bc + abc$$
$$a \otimes (b \otimes c) = a + (b \otimes c) - a(b \otimes c)$$
$$= a + b + c - bc - a(b + c - bc)$$
$$= a + b + c - bc - ab - ac + abc$$
$$a \otimes 0 = a + 0 - a0 = a$$
$$0 \otimes a = 0 + a - 0a = a$$

所以,⊗是可结合的,且有幺元0.最后
$$a \otimes (b \oplus c) = a + (b \oplus c) - a(b \oplus c)$$
$$= a + b + c - 1 - a(b + c - 1)$$
$$= 2a + b + c - ab - ac - 1$$
$$(a \otimes b) \oplus (a \otimes c) = a \otimes b + a \otimes c - 1$$
$$= a + b - ab + a + c - ac - 1$$
$$= 2a + b + c - ab - ac - 1$$

即⊗对⊕是可分配的. 故结论成立.

4. 一个环 R,如果对乘法来说,每个元素 $a \in R$ 均满足 $aa = a$,则称 R 为布尔环. 试证:

(1)集合 S 的子集环是布尔环;

(2)布尔环的每个元素是都以自己为负元;

(3)布尔环必为交换环;

(4) $|R| > 2$ 的布尔不可能是整环.

证明　(1)集合 S 的幂集 $\rho(S)$ 对于集合的对称差运算⊕和交运算∩作成一个环,即子集环. 且 $A \cap A = A, \forall A \in \rho(S)$,故子集环是布尔环.

(2)由布尔环之定义,对任意 $a \in R$,有
$$a + a = (a + a)(a + a)$$
$$= aa + aa + aa + aa$$
$$= a + a + a + a$$

因此, $a + a = 0$.

(3)由布尔环之定义,有
$$a + b = (a + b)(a + b)$$
$$= aa + ab + ba + bb$$
$$= a + ab + ba + b$$

因此, $ab + ba = 0$,即 $ab = -ba = ba$. 故布尔环是交换环.

(4)如果 R 不含幺元,则 R 不是整环;如果 R 含幺元1,则因 $|R| > 2$,故 R 中存在元素 $a, a \neq 0$, $a \neq 1$,于是
$$(a - 1)a = aa - a = a - a = 0$$

故 a 和 $a - 1$ 都是零因子,从而 R 不是整环.

5. 试证:若 R 是环,且对加法而言, R 是循环群,则 R 是交换环.

证明　设 $\langle R, + \rangle$ 的生成元为 a,则对 R 中任意的 r_1, r_2,存在整数 n_1, n_2,使得
$$r_1 = n_1 a, \quad r_2 = n_2 a$$

于是
$$r_1 r_2 = (n_1 a)(n_2 a) = n_1 n_2 aa$$
$$r_2 r_1 = (n_2 a)(n_1 a) = n_1 n_2 aa$$

从而, $r_1 r_2 = r_2 r_1$,故 R 是交换环.

6. 设 R 和 R' 是两个环,定义 R 到 R' 的映射 σ 如下:
$$\sigma(a) = 0', \quad a \in R$$

其中 $0'$ 是 R' 的零元,试证明 σ 是 R 到 R' 的同态映射(称为零同态).

分析　利用环中零元的性质,证明 σ 满足同态的定义.

证明　在 R 中任取 a,b 则有

$$\sigma(a+b)=0', \qquad \sigma(a)+\sigma(b)=0'+0'=0'$$

$$\sigma(ab)=0', \qquad \sigma(a)\sigma(b)=0'0'=0'$$

从而

$$\sigma(a+b)=\sigma(a)+\sigma(b)\sigma(a+b)=\sigma(a)+\sigma(b)$$

$$\sigma(ab)=\sigma(a)\sigma(b)$$

故该映射是 R 到 R' 的同态映射.

7. 设 $A=\left\{\begin{pmatrix} a & b \\ 0 & c \end{pmatrix}\ \middle|\ a,b,c\in \mathbf{Z}\right\}$,已知 A 关于矩阵加法和乘法构成环,令

$$S=\left\{\begin{pmatrix} 0 & 0 \\ 0 & d \end{pmatrix}\ \middle|\ d\in \mathbf{Z}\right\}$$

(1)试证:S 是 A 的子环;

(2)给出 A 到 S 的一个同态映射 σ;

(3)求同态核 $\mathrm{Ker}(\sigma)$.

证明　(1)在 $\mathbf{Z}$ 中任取 x,y 有

$$\begin{pmatrix} 0 & 0 \\ 0 & x \end{pmatrix}-\begin{pmatrix} 0 & 0 \\ 0 & y \end{pmatrix}=\begin{pmatrix} 0 & 0 \\ 0 & x-y \end{pmatrix}\in S$$

$$\begin{pmatrix} 0 & 0 \\ 0 & x \end{pmatrix}\begin{pmatrix} 0 & 0 \\ 0 & y \end{pmatrix}=\begin{pmatrix} 0 & 0 \\ 0 & xy \end{pmatrix}\in S$$

故 S 是 A 的子环.

(2)令

$$f\left(\begin{pmatrix} a & b \\ 0 & c \end{pmatrix}\right)=\begin{pmatrix} 0 & 0 \\ 0 & c \end{pmatrix},\ \forall \begin{pmatrix} a & b \\ 0 & c \end{pmatrix}\in A$$

易知,f 是 A 到 S 的满射,且

$$f\left(\begin{pmatrix} a_1 & b_1 \\ 0 & c_1 \end{pmatrix}+\begin{pmatrix} a_2 & b_2 \\ 0 & c_2 \end{pmatrix}\right)=f\left(\begin{pmatrix} a_1+a_2 & b_1+b_2 \\ 0 & c_1+c_2 \end{pmatrix}\right)$$

$$=\begin{pmatrix} 0 & 0 \\ 0 & c_1+c_2 \end{pmatrix}=\begin{pmatrix} 0 & 0 \\ 0 & c_1 \end{pmatrix}+\begin{pmatrix} 0 & 0 \\ 0 & c_2 \end{pmatrix}$$

$$=f\left(\begin{pmatrix} a_1 & b_1 \\ 0 & c_1 \end{pmatrix}\right)+f\left(\begin{pmatrix} a_2 & b_2 \\ 0 & c_2 \end{pmatrix}\right)$$

$$f\left(\begin{pmatrix} a_1 & b_1 \\ 0 & c_1 \end{pmatrix}\begin{pmatrix} a_2 & b_2 \\ 0 & c_2 \end{pmatrix}\right)=f\left(\begin{pmatrix} a_1a_2 & a_1b_2+b_1c_2 \\ 0 & c_1c_2 \end{pmatrix}\right)$$

$$=\begin{pmatrix} 0 & 0 \\ 0 & c_1c_2 \end{pmatrix}=\begin{pmatrix} 0 & 0 \\ 0 & c_1 \end{pmatrix}\begin{pmatrix} 0 & 0 \\ 0 & c_2 \end{pmatrix}$$

$$=f\left(\begin{pmatrix} a_1 & b_1 \\ 0 & c_1 \end{pmatrix}\right)f\left(\begin{pmatrix} a_2 & b_2 \\ 0 & c_2 \end{pmatrix}\right)$$

故 f 是 A 到 S 的同态映射.

（3）同态核为

$$\ker(f) = \left\{ \begin{pmatrix} a & b \\ 0 & 0 \end{pmatrix} \,\middle|\, a,b \in \mathbf{Z} \right\}$$

8. 找出 $\mathbf{Z}$ 到 $\mathbf{Z}$ 的一切环同态映射,并给出每一个同态的核.

分析 根据主教材定义 21.2.3,同态映射 f 必须满足 $f(1 \cdot 1) = f(1) \cdot f(1)$,因此 $f(1) = 0$ 或者 $f(1) = 1$.

（1）当 $f(1) = 0$,$\forall n \in \mathbf{Z}$,有 $f(n) = f(1 \cdot n) = f(1) \cdot f(n) = 0$,$\ker(f) = \mathbf{Z}$;

（2）当 $f(1) = 1$,$\forall n \in \mathbf{Z}$,有 $f(n+1) = f(1) + f(n) = 1 + f(n)$,$f(n) = n$,$\ker(f) = \{0\}$.

解 设 f 是 $\mathbf{Z}$ 到 $\mathbf{Z}$ 的同态映射. 记 $m = f(1)$,则

$$m = f(1) = f(1 \cdot 1) = f(1)f(1) = m \cdot m$$

从而 $m(m-1) = 0$,于是 $m = 0$ 或者 $m = 1$. 故只有两个满足要求的同态映射:

（1）$m = 0$,$f(n) = 0$,$\forall n \in \mathbf{Z}$,$\ker(f) = \mathbf{Z}$;

（2）$m = 1$,$f(n) = n$,$\forall n \in \mathbf{Z}$,$\ker(f) = \{0\}$.

9. 设 R 是一个体,且 $R \stackrel{\sigma}{\sim} R'$. 求证:$R' = \{0'\}$ 或者 $R' \cong R$.

分析 根据体的定义,R 含有幺元,则对 R 到 R' 的满同态 f,有 $\mathrm{Ker}(f) = R$ 或 $\mathrm{Ker}(f) = \{0\}$.

证明 设 f 是 R 到 R' 的满同态. 由同态基本定理,$\mathrm{Ker}(f)$ 是体 R 的理想,而体必为单纯环,故 $\mathrm{Ker}(f) = R$ 或 $\{0\}$. 当 $\mathrm{Ker}(f) = R$ 时,$R' = \{0\}$;当 $\mathrm{Ker}(f) = \{0\}$ 时,$R' \cong R$.

10. 设 $R \stackrel{\sigma}{\sim} R'$. N' 是 R' 的理想. 求证:N' 的像源 $N = \{a \in R \mid \sigma(a) \in N'\}$ 是 R 的理想,并且 $R/N \cong R'/N'$.

分析 根据主教材定理 21.2.4,可以定义 R' 到 R'/N' 的同态 g,核为 N',于是定义 R 到 R'/N' 的满同态 $h = g\sigma$,根据定义可证明 $\mathrm{Ker}(h) = N$,由第三同态定理即证.

证明 设 g 是 R' 到 R'/N' 的自然同态,$g(a') = \overline{a'}$,$\forall a' \in R'$

于是 $h = g\sigma$ 是 R 到 R'/N' 的满同态。下证 $\mathrm{Ker}(h) = N$. 任取 $a \in R$,

$$a \in \mathrm{Ker}(h) \Leftrightarrow h(a) = \overline{0'}$$

$$\Leftrightarrow g(\sigma(a)) = \overline{0'}$$

$$\Leftrightarrow \sigma(a) \in N'$$

$$\Leftrightarrow a \in N$$

故 $\mathrm{Ker}(h) = N$,由主教材定理 21.2.3,N 是 R 的理想. 再由同态基本定理,有

$$R/N \cong R'/N'$$

11. 试证:主教材定理 21.2.9.

分析 根据域 F 的定义,只需证明 F 是单纯环,对于 F 的非零理想 N,容易证明幺元 $1 \in N$,根据理想性质有 $N = F$.

证明 只需证域 F 是单纯环. 任取域 F 的一个理想 $N \neq (0)$,存在 $a \in N$,$a \neq 0$ 于是 $a^{-1} \in F$.

因为 N 是 F 的理想,所以

$$aa^{-1} \in N \Rightarrow 1 \in N$$
$$\Rightarrow x = 1x \in N, \forall x \in F$$
$$\Rightarrow F \subseteq N$$

但 N 是 F 的理想，于是 $N \subseteq F$. 故 $N = F$. 综上，域 F 是含幺交换单纯环.

12. 求证：若 Z_m 是一个域，则 m 必为素数.

证明　若 m 不是素数，则存在正整数 $a, b, 1 < a, b < m$，使 $m = ab$. 于是 $\bar{a} \cdot \bar{b} = \bar{m} = \bar{0}$. 但 $\bar{a} \neq \bar{0}$，$\bar{b} \neq \bar{0}$，这说明 $\bar{a}, \bar{b}$ 是 Z_m 的零因子，此与 Z_m 是域矛盾. 故 m 是素数.

13. 在 R_7 中，利用公式 $\dfrac{-b \pm \sqrt{b^2 - 4ac}}{2a}$ 解二次方程 $x^2 - x + 5 = 0$.

分析　将方程系数代入，有 $b^2 - 4ac = -19 = 2, 3^2 = 4^2 = 2, 2^{-1} = 4$.

解　$b^2 - 4ac = (-1)^2 - 4 \times 1 \times 5 = -19 = 2, \sqrt{2} = 3$ 或 4.

$$x_1 = \frac{1+3}{2} = 2, \quad x_2 = \frac{1-3}{2} = -1 = 6$$

14. 在 R_7 中求下面矩阵之逆：$\begin{pmatrix} 2 & 3 \\ 1 & 4 \end{pmatrix}$.

分析　利用线性代数中矩阵 A 求逆方法，将 $\begin{pmatrix} A & \begin{matrix} 1 & 0 \\ 0 & 1 \end{matrix} \end{pmatrix}$ 通过初等行变换化为如下形式，

$\begin{pmatrix} \begin{matrix} 1 & 0 \\ 0 & 1 \end{matrix} & A^{-1} \end{pmatrix}$，$A^{-1}$ 即为所求.

解　$\begin{pmatrix} 2 & 3 & 1 & 0 \\ 1 & 4 & 0 & 1 \end{pmatrix} \xrightarrow{\text{row(1)} \div 2} \begin{pmatrix} 1 & 5 & 4 & 0 \\ 1 & 4 & 0 & 1 \end{pmatrix} \xrightarrow{\text{row(2)} - \text{row(1)}} \begin{pmatrix} 1 & 5 & 4 & 0 \\ 0 & 6 & 3 & 1 \end{pmatrix} \xrightarrow{\text{row(2)} \div 6}$

$\begin{pmatrix} 1 & 5 & 4 & 0 \\ 0 & 1 & 4 & 6 \end{pmatrix} \xrightarrow{\text{row(1)} - \text{row(2)} \times 5} \begin{pmatrix} 1 & 0 & 5 & 5 \\ 0 & 1 & 4 & 6 \end{pmatrix}$

故 $\begin{pmatrix} 2 & 3 \\ 1 & 4 \end{pmatrix}$ 在 R_7 上之逆为 $\begin{pmatrix} 5 & 5 \\ 4 & 6 \end{pmatrix}$.

15. 试证：R_2 上的四个矩阵

$$\begin{pmatrix} 0 & 0 \\ 0 & 0 \end{pmatrix}, \begin{pmatrix} 1 & 0 \\ 0 & 1 \end{pmatrix}, \begin{pmatrix} 1 & 1 \\ 1 & 0 \end{pmatrix}, \begin{pmatrix} 0 & 1 \\ 1 & 1 \end{pmatrix}$$

在矩阵的加法和乘法下作成一个域.

证明　令以上四个矩阵组成的集合为 A. 对于加法，A 的零元为零矩阵 $\begin{pmatrix} 0 & 0 \\ 0 & 0 \end{pmatrix}$，$A$ 中的每个元素均以自身为其负元，因此 A 是一个加法交换群. 对乘法而言，幺元是 $\begin{pmatrix} 1 & 0 \\ 0 & 1 \end{pmatrix}$，且 $\begin{pmatrix} 1 & 1 \\ 1 & 0 \end{pmatrix}$ 与 $\begin{pmatrix} 0 & 1 \\ 1 & 1 \end{pmatrix}$ 互为逆元，自乘则等于另一元素，从而运算又是封闭和可交换的，故 A 在 R_2 上对于矩阵的加法和乘法作成一个域.

16. R_{29} 中有无 $\sqrt{-1}$ ？

解 在 R_{29} 中,设 $\left(\dfrac{a}{b}\right)^2 = -1$,于是 $a^2 = -b^2$, $a^2 + b^2 = 0 = 29$,于是,a 和 b 应分别取 ± 2 和 ± 5,

而 $\dfrac{2}{5} = \dfrac{60}{5} = 12$, $-\dfrac{2}{5} = -12 = 17$, $\dfrac{5}{2} = \dfrac{34}{2} = 17$, $-\dfrac{5}{2} = -17 = 12$,故 R_{29} 中有 $\sqrt{-1}$,为 12 或 17.

17. 设域 F 的特征为 $p > 0$,求证:

$$(a \pm b)^{p^n} = a^{p^n} \pm b^{p^n}, \quad a, b \in F$$
$$(a_1 + a_2 + \cdots + a_n)^p = a_1^p + a_2^p + \cdots + a_n^p, \quad a_i \in F.$$

证明 由主教材定理 21.3.4,$(a \pm b)^p = a^p \pm b^p$, $a, b \in F$ 由数学归纳法,有

$$(a \pm b)^{p^n} = (a \pm b)^{p^{n-1} \cdot p} = (a^{p^{n-1}} \pm b^{p^{n-1}})^p = a^{p^{n-1} \cdot p} \pm b^{p^{n-1} \cdot p} = a^{p^n} \pm b^{p^n}$$

$$(a_1 + a_2 + \cdots + a_n)^p = ((a_1 + \cdots + a_{n-1}) + a_n)^p = (a_1 + \cdots + a_{n-1})^p + a_n^p$$
$$= a_1^p + a_2^p + \cdots + a_n^p, a_i \in F$$

18. 求证:若 p^n 阶域有 p^m 阶子域,则 $m \mid n$.

分析 利用主教材定理 21.5.2 的证明,以及整数的性质证明(可参考主教材定理 21.5.10 证明).

证明 设 $\langle F, +, \cdot \rangle$ 是 p^n 阶域,$\langle S, +, \cdot \rangle$ 是 p^m 阶域,因 S 是 F 的子域,所以 $(p^m - 1) \mid (p^n - 1)$.
令 $n = qm + r$, $0 \leqslant r < m$. 于是

$$p^n - 1 = p^{qm+r} - p^r + p^r - 1$$
$$= p^r(p^m - 1)(p^{qm-m} + p^{qm-2m} + \cdots + 1) + p^r - 1$$

由 $(p^m - 1) \mid (p^n - 1)$ 及 $0 \leqslant r < m$ 易知,$p^r - 1 = 0$,从而,$r = 0$. 故 $m \mid n$.

19. 求证:$x^2 + 1$ 是域 $F = \{0, 1, 2\}$ 上不可约多项式.

分析 由定理 21.4.3 知只需证明无零因子,将 $\{0, 1, 2\}$ 代入即可.

证明 设 $f(x) = x^2 + 1$. 因为 $f(0) = 1$, $f(1) = f(2) = 2$,故结论成立.

20. 域 $F = \{0, 1\}$ 上多项式 $x^4 + x^2 + 1$ 是可约多项式吗?

分析 由主教材例 21.16 知,只需判断次数不高于 2 的不可约多项式($x, x+1, x^2 + x + 1$)是否为 $x^4 + x^2 + 1$ 的因式.

解 因为 $x^4 + x^2 + 1 = (x^2 + x + 1)(x^2 + x + 1)$,所以 $x^4 + x^2 + 1$ 是可约多项式.

21. 试找出域 $F = \{0, 1, 2\}$ 上的所有不可约的二次多项式.

分析 定义在域 $F = \{0, 1, 2\}$ 的二次多项式具有如下形式:$p(x) = a_2 x^2 + a_1 x + a_0$,其中 $a_2 \in \{1, 2\}$, $a_1, a_0 \in F$,系数不同组合有 $2 \times 3 \times 3 = 18$ 种,讨论 18 种组合种 x 取不同值情形下 $p(x)$ 的值,如果 $\exists x \in F$, $p(x) = 0$,则 $p(x)$ 为可约多项式;如果 $\forall x \in F$, $p(x) \neq 0$,则 $p(x)$ 为不可约多项式.

解 共六个. 即 $x^2 + 1$, $x^2 + x + 2$, $x^2 + 2x + 2$, $2x^2 + 2$, $2x^2 + x + 1$, $2x^2 + 2x + 1$.

22. 设域 $F = \{0, 1\}$,试构造 $F[x]_{x^3 + x^2 + 1}$ 的运算表,求出它的一个本原元,并将每个非零元素表示成本原元的幂.

分析 $x^3 + x^2 + 1$ 是 3 次不可约多项式,根据主教材定义 21.4.5 得到 $F[x]_{x^3 + x^2 + 1}$ 的 8 个元素,定义二元运算 $\oplus$ 和 $\otimes$,本原元的定义及幂元表示见主教材例 21.17.

解 $F[x]_{x^3 + x^2 + 1}$ 共有 8 个元素,即 $0, 1, x, x+1, x^2, x^2 + 1, x^2 + x, x^2 + x + 1$. 运算表如下:

$\begin{array}{c}\oplus\\\hline\otimes\end{array}$	0	1	x	$x+1$	x^2	x^2+1	x^2+x	x^2+x+1
0	$\dfrac{0}{0}$	$\dfrac{1}{0}$	$\dfrac{x}{0}$	$\dfrac{x+1}{0}$	$\dfrac{x^2}{0}$	$\dfrac{x^2+1}{0}$	$\dfrac{x^2+x}{0}$	$\dfrac{x^2+x+1}{0}$
1	$\dfrac{1}{0}$	$\dfrac{0}{1}$	$\dfrac{x+1}{x}$	$\dfrac{x}{x+1}$	$\dfrac{x^2+1}{x^2}$	$\dfrac{x^2}{x^2+1}$	$\dfrac{x^2+x+1}{x^2+x}$	$\dfrac{x^2+x}{x^2+x+1}$
x	$\dfrac{x}{0}$	$\dfrac{x+1}{x}$	$\dfrac{0}{x^2}$	$\dfrac{1}{x^2+x}$	$\dfrac{x^2+x}{x^2+1}$	$\dfrac{x^2+x+1}{x^2+x+1}$	$\dfrac{x^2}{1}$	$\dfrac{x^2+1}{x+1}$
$x+1$	$\dfrac{x+1}{0}$	$\dfrac{x}{x+1}$	$\dfrac{1}{x^2+x}$	$\dfrac{0}{x^2+1}$	$\dfrac{x^2+x+1}{1}$	$\dfrac{x^2+x}{x^2+x+1}$	$\dfrac{x^2+1}{x^2+x+1}$	$\dfrac{x^2}{x^2}$
x^2	$\dfrac{x^2}{0}$	$\dfrac{x^2+1}{x^2}$	$\dfrac{x^2+x}{x^2+1}$	$\dfrac{x^2+x+1}{1}$	$\dfrac{0}{x^2+x+1}$	$\dfrac{1}{x+1}$	$\dfrac{x}{x}$	$\dfrac{x+1}{x^2+x}$
x^2+1	$\dfrac{x^2+1}{0}$	$\dfrac{x^2}{x^2+1}$	$\dfrac{x^2+x+1}{x^2+x+1}$	$\dfrac{x^2+x}{x}$	$\dfrac{1}{x+1}$	$\dfrac{0}{x^2+x}$	$\dfrac{x+1}{x^2}$	$\dfrac{x}{1}$
x^2+x	$\dfrac{x^2+x}{0}$	$\dfrac{x^2+x+1}{x^2+x}$	$\dfrac{x^2+1}{1}$	$\dfrac{x^2+1}{x^2+x+1}$	$\dfrac{x}{x}$	$\dfrac{x+1}{x^2}$	$\dfrac{0}{x+1}$	$\dfrac{1}{x^2+1}$
x^2+x+1	$\dfrac{x^2+x+1}{0}$	$\dfrac{x^2+x}{x^2+x+1}$	$\dfrac{x^2+1}{x+1}$	$\dfrac{x^2}{x^2}$	$\dfrac{x+1}{x^2+x}$	$\dfrac{x}{1}$	$\dfrac{1}{x^2+1}$	$\dfrac{0}{x}$

令 $a=x$，则 $a=x,a^2=x^2,a^3=x^2+1,a^4=x^2+x+1,a^5=x+1,a^6=x^2+x,a^7=1$. 因此，$x$ 是 $F[x]_{x^3+x^2+1}$ 的本原元.

23. 求 $N_2(6),N_2(7),N_2(8)$ 和 $N_3(6)$.

分析 注意到 $N_2(1)=2,N_3(1)=3$，利用主教材定理 21.5.12，以及主教材例 21.19 的结果即可求解.

解 利用公式 $p^n=\sum\limits_{m\mid n}m\cdot N_p(m)$ 及已有的结果（主教材例 21.19），有

$N_2(6)=(2^6-N_2(1)-2N_2(2)-3N_2(3))/6=(64-2-2-6)/6=9$

$N_2(7)=(2^7-N_2(1))/7=(128-2)/7=18$

$N_2(8)=(2^8-N_2(1)-2N_2(2)-4N_2(4))/8=(256-2-2-12)/8=240/8=30$

$N_3(6)=(3^6-N_3(1)-2N_3(2)-3N_3(3))/6=(729-3-6-18)/6=702/6=117$

24. 设域 $F=\{0,1\}$，试求出 $F[x]_{x^4+x+1}$ 中每个元素的最小多项式.

分析 $F[x]_{x^4+x+1}$ 是一个 16 阶域，类似于主教材例 21.18 可求每个元素的最小多项式.

解 $F[x]_{x^3+x^2+1}=\{0,1,x,x+1,x^2,x^2+1,x^2+x,x^2+x+1\}$.

$M_0(x)=x$

$M_1(x)=x+1$

$M_x(x)=M_{x+1}(x)=M_{x^2}(x)=M_{x^2+1}(x)=x^3+x^2+1$

$M_{x^2+x}(x)=M_{x^2+x+1}(x)=x^2+x+1$.

$F[x]_{x^4+x+1}=\{0,1,x,x+1,x^2,x^2+1,x^2+x,x^2+x+1,x^3,x^3+1,x^3+x,x^3+x+1,x^3+x^2,$
$x^3+x^2+1,x^3+x^2+x,x^3+x^2+x+1\}$

$$M_0(x) = x$$

$$M_1(x) = x + 1$$

$$M_x(x) = M_{x+1}(x) = M_{x^2}(x) = M_{x^2+1}(x) = x^4 + x + 1$$

$$M_{x^3}(x) = M_{x^3+x}(x) = M_{x^3+x^2}(x) = M_{x^3+x^2+x+1}(x) = x^4 + x^3 + x^2 + x + 1$$

$$M_{x^3+1}(x) = M_{x^3+x+1}(x) = M_{x^3+x^2+1}(x) = M_{x^3+x^2+x}(x) = x^4 + x^3 + 1$$

25. 设域 F 的特征为 $P > 0$. 定义 $\sigma: F \rightarrow F$ 为 $\sigma(a) = a^p$,证明 σ 是 F 的自同态.

分析　根据主教材定理 21.5.2,利用 σ 定义,证明 σ 满足自同态定义(主教材定义 21.5.1).

证明　设 F 为 p^n 阶域. 由 σ 的定义知 $\sigma(0) = 0, \sigma(1) = 1$,又由主教材定理 21.5.2 知,乘法群 $F - \{0\}$ 中每个元素的周期均为 $p^n - 1$,即对任意 $a \in F - \{0\}$,有 $a^{p^n-1} = 1$,也即 $a^{p^n} = a$. 于是,对任意 $a \in F - \{0\}$,有 $a^{p^{n-1}} \in F - \{0\}$,使得 $\sigma(a^{p^{n-1}}) = (a^{p^{n-1}})^p = a^p = a$,这说明 σ 是满射. 最后,对任意的 $a, b \in F$,有

$$\sigma(a + b) = (a + b)^p = a^p + b^p = \sigma(a) + \sigma(b)$$

$$\sigma(ab) = (ab)^p = a^p b^p = \sigma(a)\sigma(b)$$

26. 设 a 是 16 阶域的本原元,试将 15 个非零元素分为若干组,使每组中的元素有相同的最小多项式.

分析　a 是 16 阶域的本原元,知 $p = 2, n = 4$,根据主教材定理 21.5.9 对非零元分组,设 a 是 $f(x)$ 在域中的根,则 $\{a, a^2, a^4, a^8\}$ 均是根;同理设 a^3 是 $f(x)$ 在域中的根,则 $\{a^3, (a^3)^2 = a^6, (a^3)^{2^2} = a^{12}, (a^3)^{2^3} = a^{24} = a^9\}$ 均是根;设 a^5 是 $f(x)$ 在域中的根,则 $\{a^5, (a^5)^2 = a^{10}\}$ 均是根;设 a^7 是 $f(x)$ 在域中的根,则 $\{a^7, (a^7)^2 = a^{14}, (a^7)^{2^2} = a^{28} = a^{13}, (a^7)^{2^3} = a^{56} = a^{11}\}$ 均是根;根据主教材定理 21.5.6,同一组根具有相同的最小多项式.

解　由主教材定理 21.5.9,$a, a^2, a^{2^2} = a^4, a^{2^3} = a^8$ 有相同的最小多项式;而 $a^3, (a^3)^2 = a^6$,$(a^3)^{2^2} = a^{12}, (a^3)^{2^3} = a^{24} = a^9$ 有相同的最小多项式;如此,可将该域的非零元素分为如下五组:

$$\{a, a^2, a^4, a^8\}, \{a^3, a^6, a^9, a^{12}\}, \{a^7, a^{11}, a^{13}, a^{14}\}, \{a^5, a^{10}\}, \{a^{15}\}$$

27. 写出 $P(x) = 1 + x^2 + x^3$ 生成的所有 $(6,3)$-码.

分析　本题类似于主教材例 21.24 求得.

解　因为生成多项式为 $p(x) = 1 + x^2 + x^3$,所以当信息码分别为以下时:

信息码	信息码多项式	纠错码多项式	纠错码
000	0	0	000 000
001	x^2	$1 + x + x^5$	110 001
010	x	$1 + x + x^2 + x^4$	111 010
011	$x + x^2$	$x^2 + x^4 + x^5$	001 011
100	1	$1 + x^2 + x^3$	101 100
101	$1 + x^2$	$x + x^2 + x^3 + x^4$	011 101
110	$1 + x$	$x + x^3 + x^4$	010 110
111	$1 + x + x^2$	$1 + x^3 + x^4 + x^5$	100 111

28. 检验下列收到的信息是否有错,生成多项式为 $p(x) = 1 + x^2 + x^3 + x^4$.

（1）10011011；

（2）01110010；

（3）10110101.

分析　本题类似于主教材例 21.25 求得.

解　根据主教材例 21.25 同样的做法可以知道（1）（3）的信息都有错，（2）信息无误.

第 22 章 格与布尔代数

1. 判定主教材图 22.13 所示的偏序集哪些是格,哪些不是格. 为什么?

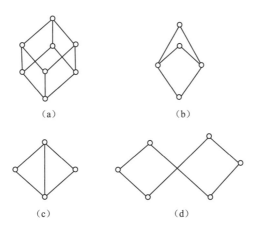

(a)　　　　　　　　(b)

(c)　　　　　　　　(d)

主教材图 22.13

解 (1)和(3)是格,(2)和(4)不是格. 原因略.

2. 求$\langle S_6, \mid \rangle$的所有子格.

解 $\langle S_6, \mid \rangle$的所有子格是$\{1\}, \{2\}, \{3\}, \{6\}, \{1,2\}, \{1,3\}, \{1,6\}, \{2,6\}, \{3,6\}, \{1,2,6\},$
$\{1,3,6\}, \{1,2,3,6\}$.

3. 设$\langle L, \times, \oplus \rangle$是一个代数格$a, b \in L$,令
$$S = \{x \in L \mid a \leqslant x \leqslant b\}$$
其中$\leqslant$是与$\langle L, \times, \oplus \rangle$等价的偏序格$\langle L, \leqslant \rangle$中的偏序关系. 求证:$\langle S, \times, \oplus \rangle$是$\langle L, \times, \oplus \rangle$的子格.

证明 显然$S \subseteq L$,且$S \neq \varnothing$. 任取$x, y \in S$,有$a \leqslant x, y \leqslant b$. 于是,
$$a \leqslant x \oplus y \leqslant b, \quad a \leqslant x \times y \leqslant b$$
从而$x \oplus y \in S, x \times y \in S$. 即$S$对运算$\oplus$和$\times$是封闭的. 故$S$是$L$的子格.

4. 设$\langle L, \times, \oplus \rangle$是一个代数格,求证:对任意$a \in L, a \oplus a = a$且$a \times a = a$.

证明 设$a \in L$,由吸收律,有
$$a \oplus a = a \oplus (a \times (a \oplus a)) = a$$
$$a \times a = a \times (a \oplus (a \times a)) = a$$

5. 设$\langle L, \leqslant \rangle$是格,求证:若$a, b, c \in L, a \leqslant b \leqslant c$,则
$$a \oplus b = b \times c$$
$$(a \times b) \oplus (b \times c) = (a \oplus b) \times (b \oplus c)$$

证明 由$a \leqslant b \leqslant c$知,$a \oplus b = b, b \times c = b$,所以$a \oplus b = b \times c$. 又

$(a \times b) \oplus (b \times c) = a \oplus b$，而 $(a \oplus b) \times (b \oplus c) = b \times c = a \oplus b$. 因此，有
$$(a \times b) \oplus (b \times c) = (a \oplus b) \times (b \oplus c)$$

6. 设 $\langle L, \leqslant \rangle$ 是有限格. 求证：L 中必有最大元和最小元.

证明 对 L 中元素个数用归纳法.

当 $n=1$ 时，命题显然成立. 假设当 L 中元素个数为 $n-1$ 时，结论仍成立. 今设 $|L|=n$，且 $L = \{a_1, a_2, \cdots, a_{n-1}, a_n\}$. 令 $L' = \{a_1, a_2, \cdots, a_{n-1}\}$，则由归纳法假设，$L'$ 有一个最小元，设为 a'. 因为 $\langle L, \leqslant \rangle$ 是一个格，所以，$\{a', a_n\}$ 有一个最大下界，也即 $\{a', a_n\}$ 的最小元，设为 a. 下证 a 是 L 的最小元. 由假设，$a \leqslant a'$，$a \leqslant a_n$，且 $a' \leqslant a_1, \cdots, a' \leqslant a_{n-1}$. 因此，$a \leqslant a_1, \cdots, a \leqslant a_{n-1}, a \leqslant a_n$. 即 a 是 L 的最小元.

同理可证，L 有最大元.

7. 令 S 为所有正偶数集合，N 为所有正整数集合. 求证：$\langle N, | \rangle$ 与 $\langle S, | \rangle$ 同构.

分析 定义映射 $\sigma: \sigma(n) = 2n, n \geqslant 1$，$\sigma$ 的性质满足格同构定义.

证明 定义如下：$\sigma(n) = 2n, n \geqslant 1$. 显然，$\sigma$ 是 N 到 S 的双射. 设与 $\langle N, | \rangle$ 和 $\langle S, | \rangle$ 等价的代数格分别为 $\langle N, \oplus, \times \rangle$ 和 $\langle S, \oplus', \times' \rangle$. 显然，$\oplus, \oplus'$ 和 $\times, \times'$ 分别是求两个正整数的最小公倍数和最大公约数的运算. 任取 $m, n \in N$，有

$$\sigma(m \oplus n) = 2(m \oplus n) = 2(m \oplus' n) = 2m \oplus' 2n = \sigma(m) \oplus' \sigma(n)$$

$$\sigma(m \times n) = 2(m \times n) = 2(m \times' n) = 2m \times' 2n = \sigma(m) \times' \sigma(n)$$

故 $\langle N, | \rangle$ 与 $\langle S, | \rangle$ 同构.

8. 设 $\langle L, \times, \oplus \rangle$ 是一个有限格，g 是 L 到 L 的满射. 求证：若对任意 $a, b \in L$，有
$$g(a \times b) = g(a) \times g(b)$$
则必有 $e \in L$，使得 $g(e) = e$.

证明 由第 6 题知，L 有最小元和最大元，分别记为 0 和 1. 又 g 是满射，故 g 必是双射. 对任意 $a \in L$，因为 $g(0) = g(0 \times a) = g(0) \times g(a)$，所以，$g(0) \leqslant g(a)$，即 $g(0)$ 也是 L 的最小元. 因此，$g(0) = 0$.

9. 证明：4 个元素的格 $\langle L, \times, \oplus \rangle$，或者同构于 $\langle N_4, \leqslant \rangle$ 或者同构于 $\langle S_6, | \rangle$. 其中，$N_4 = \{0, 1, 2, 3\}$，$\leqslant$ 是普通小于等于关系.

证明 设 L 是一个格，其中 $|L| = 4$. 因为 L 有限，故 $\langle L, \leqslant \rangle$ 有最大元 1，最小元 0，设的另外两个元素为 a 和 b. 则只有下述两种情况：

(1) a 与 b 可比较. 不妨设 $a < b$. 于是，有 $0 < a < b < 1$，即 $\langle L, \leqslant \rangle$ 是一个链. 此时，$\langle L, \leqslant \rangle$ 与 $\langle N_4, \leqslant \rangle$ 同构.

(2) a 与 b 不可比较. 于是，$a \wedge b < a$ 且 $a \wedge b < b$. 因 $|L| = 4$，且 $0 < a, b < 1$，故 $a \wedge b = 0$. 同理可证，$a < a \vee b, b < a \vee b$，从而，$a \vee b = 1$. 因此，$\langle L, \leqslant \rangle$ 与 $\langle S_6, | \rangle$ 同构.

10. 求证：在格 $\langle L, \times, \oplus \rangle$ 中，若 $a \times (b \oplus c) = (a \times b) \oplus (a \times c)$，则
$$a \oplus (b \times c) = (a \oplus b) \times (a \oplus c)$$

分析 利用已知条件 $\times$ 对 $\oplus$ 的分配，$(a \oplus b) \times (a \oplus c) = ((a \oplus b) \times a) \oplus ((a \oplus b) \times c)$，利用吸收律证明.

证明 $(a \oplus b) \times (a \oplus c) = ((a \oplus b) \times a) \oplus ((a \oplus b) \times c)$
$$= a \oplus (c \times (a \oplus b)) = a \oplus ((c \times a) \oplus (c \times b))$$
$$= (a \oplus (a \times c)) \oplus (b \times c) = a \oplus (b \times c)$$

11. 证明:在有余分配格$\langle L,\times,\oplus\rangle$中,对任意$a,b\in L$,有
$$a\leqslant b \quad 当且仅当 \quad a\times b'=0$$
$$b'\leqslant a' \quad 当且仅当 \quad a'\oplus b=1$$
$$a\leqslant b \quad 当且仅当 \quad b'\leqslant a'$$

证明　$(1)a\leqslant b\Rightarrow a\times b=a$
$$\Rightarrow a\times b'=(a\times b)\times b'=a\times(b\times b')=a\times 0=0$$
$$a\times b'=0\Rightarrow a'\oplus b=1\Rightarrow a\times(a'\oplus b)=a\Rightarrow(a\times a')\oplus(a\times b)=a$$
$$\Rightarrow a\times b=a\Rightarrow a\leqslant b$$
$(2)b'\leqslant a'\Rightarrow b'\oplus a'=a'b'$
$$\Rightarrow a'\oplus b=(a'\oplus b')\oplus b=a'\oplus(b'\oplus b)=a'\oplus 1=1$$
$$a'\oplus b=1\Rightarrow a'\times b'=b'\Rightarrow b'\leqslant a'$$
$(3)a\leqslant b\Leftrightarrow a\times b=a\Leftrightarrow a'\oplus b'=a'\Leftrightarrow b'\leqslant a'$

12. 求格$\langle S_{30},|\rangle$中每个元素的余元素.

解　$S_{30}=\{1,2,3,5,6,10,15,30\}$. $1'=30,2'=15,3'=10,5'=6$.

13. 求证:在有一个以上元素的格中,不存在以自身为余元素的元素.

证明　设L是一个格,$|L|\geqslant 2$. 任取$a\in L$,若$a'=a$,则
$$a=a\oplus a=a'+a=1,a=a\times a=a\times a'=0$$
于是,得$a=1=0$. 从而,$|L|=1<2$,矛盾.

14. 试判定格$\langle S_{30},|\rangle$和$\langle S_{45},|\rangle$中哪个是有余格.

解　$\langle S_{30},|\rangle$是有余格;而$\langle S_{45},|\rangle$不是,因15没有余元素.

15. 格$\langle S_{30},|\rangle$和$\langle S_{45},|\rangle$是分配格吗?

解　因$\langle S_{30},|\rangle$和$\langle\rho(A),\subseteq\rangle$同构. $A=\{a,b,c\}$. 故$\langle S_{30},|\rangle$是分配格. 不难验证,$\langle S_{45},|\rangle$也是分配格.

16. 设$\langle L,\times,\oplus\rangle$是格. 求证:$L$是分配格当且仅当,对任意$a,b,c\in L$,
$$(a\oplus b)\times c\leqslant a\oplus(b\times c)$$

证明　必要性. $((a\oplus b)\times c)\times(a\oplus(b\times c))=(a\oplus b)\times c\times((a\oplus b)\times(a\oplus c))$
$$=(a\oplus b)\times(c\times(a\oplus c))=(a\oplus b)\times c$$

充分性. 因$a\leqslant a\oplus b,b\leqslant a\oplus b$,故$a\times c\leqslant(a\oplus b)\times c,b\times c\leqslant(a\oplus b)\times c$
从而$(a\times c)\oplus(b\times c)\leqslant(a\oplus b)\times c$.　　　　　①
又因$(a\oplus b)\times c=((b\oplus a)\times c)\times c\leqslant(b\oplus(a\times c))\times c$
$$=((a\times c)\oplus b)\times c\leqslant(a\times c)\oplus(b\times c)$$
所以$(a\oplus b)\times c\leqslant(a\times c)\oplus(b\times c)$.　　　　　②
由式①和式②知,$\times$对$\oplus$可分配,再由第10题知,$\oplus$对$\times$也可分配.

17. 设$\langle B,\cdot,+,-,0,1\rangle$是布尔代数,$a,b,c\in B$. 证明以下等式:
$(1)a+(\bar{a}\cdot b)=a+b$;
$(2)a\cdot(\bar{a}+b)=a\cdot b$;
$(3)(a\cdot b)+(a\cdot\bar{b})=a$;
$(4)(a+b)\cdot(a+\bar{b})=a$;

$(5)(a \cdot b \cdot c) + (a \cdot b) = a \cdot b.$

证明　$(1) a + (\overline{a} \cdot b) = (a + \overline{a}) \cdot (a + b) = 1 \cdot (a + b) = a + b;$

$(2) a \cdot (\overline{a} + b) = a \cdot \overline{a} + a \cdot b = 0 + a \cdot b = a \cdot b;$

$(3)(a \cdot b) + (a \cdot \overline{b}) = a \cdot (b + \overline{b}) = a \cdot 1 = a;$

$(4)(a + b) \cdot (a + \overline{b}) = a + (b \cdot \overline{b}) = a + 0 = a;$

$(5)(a \cdot b \cdot c) + (a \cdot b) = ((a \cdot b) \cdot c) + (a \cdot b) \cdot 1 = (a \cdot b) \cdot (c + 1) = (a \cdot b) \cdot 1 = a \cdot b.$

18. 设 $\langle B, \cdot, +, -, 0, 1 \rangle$ 是布尔代数. 求证: 对任意 $a, b, c \in B$, 有

$(1) a = b$ 当且仅当 $(a \cdot \overline{b}) + (\overline{a} \cdot b) = 0;$

$(2) a = 0$ 当且仅当 $(a \cdot \overline{b}) + (\overline{a} \cdot b) = 0;$

(3) 若 $a \leqslant b$, 则 $a + b \cdot c = b \cdot (a + c);$

$(4)(a + \overline{b}) \cdot (b + \overline{c}) \cdot (c + \overline{a}) = (\overline{a} + b) \cdot (\overline{b} + c) \cdot (\overline{c} + a);$

$(5)(a + b) \cdot (a + c) = (a \cdot c) + (a \cdot b) = (a \cdot c) + (\overline{a} \cdot b) + (b \cdot c).$

证明　(1) 设 $a = b$, 则 $(a \cdot \overline{b}) + (\overline{a} \cdot b) = (b \cdot \overline{b}) + (\overline{a} \cdot a) = 0 + 0 = 0.$

又设 $(a \cdot \overline{b}) + (\overline{a} \cdot b) = 0$, 两边同乘 a 和 $\overline{a}$, 得 $a \cdot \overline{b} = \overline{a} \cdot b = 0.$ 从而 $\overline{a} + b = a + \overline{b} = 1.$ 即 a 和 $\overline{b}$ 互为余元. 故 $a = b.$

(2) 设 $a = 0$, 则 $(a \cdot \overline{b}) + (\overline{a} \cdot b) = (0 \cdot \overline{b}) + (1 \cdot b) = 0 + b = b.$

又设 $(a \cdot \overline{b}) + (\overline{a} \cdot b) = b.$ 两边同乘 $\overline{b}$ 和 ab, 得

$$\begin{cases} a\overline{b} = 0 & ① \\ ab = 0 & ② \end{cases}$$

式①和式②相加, 得 $0 = a \cdot \overline{b} + a \cdot b = a \cdot (\overline{b} + b) = a \cdot 1 = a.$ 故 $a = 0.$

(3) 设 $a \leqslant b$, 则 $a = ab.$ 于是, $a + b \cdot c = a \cdot b + b \cdot c = b \cdot (a + c).$

又设 $a + b \cdot c = b \cdot (a + c).$ 两边同加 b, 得 $a + b = b$, 故 $a \leqslant b.$

(4) 左式 $= (a + \overline{b}) \cdot (b + \overline{c}) \cdot (c + \overline{a}) = (a \cdot b + a \cdot \overline{c} + \overline{b} \cdot \overline{c}) \cdot (c + \overline{a})$

$\qquad = (a \cdot b \cdot c + \overline{a} \cdot \overline{b} \cdot \overline{c})$

右式 $= (\overline{a} + b) \cdot (\overline{b} + c) \cdot (\overline{c} + a) = (\overline{a} \cdot \overline{b} + \overline{a} \cdot c + b \cdot c) \cdot (\overline{c} + a)$

$\qquad = (\overline{a} \cdot \overline{b} \cdot \overline{c} + a \cdot b \cdot c)$

因此 $(a + \overline{b}) \cdot (b + \overline{c}) \cdot (c + \overline{a}) = (\overline{a} + b) \cdot (\overline{b} + c) \cdot (\overline{c} + a)$

$(5)(a + b) \cdot (\overline{a} + c) = (a \cdot \overline{a}) + (a \cdot c) + (b \cdot \overline{a}) + (b \cdot c) = (a \cdot c) + (\overline{a} - b) + (b \cdot c)$

因为 $(b \cdot c)(a \cdot c + \overline{a} \cdot b) = (a \cdot b \cdot c) + (\overline{a} \cdot b \cdot c) = (b \cdot c) \cdot (a + \overline{a}) = (b \cdot c)$

所以 $b \cdot c \leqslant (a \cdot c + \overline{a} \cdot b)$, 于是 $(a \cdot c) + (\overline{a} \cdot b) + (b \cdot c) = (a \cdot c) + (\overline{a} \cdot b).$

19. 设 $\langle B, \cdot, +, -, 0, 1 \rangle$ 和 $\langle S, \wedge, \vee, \neg, \alpha, \beta \rangle$ 是两个布尔代数, f 是 B 到 S 的映射. 求证: 若对任意 $a, b \in B, f(a + b) = f(a) \vee f(b), f(\overline{a}) = \neg f(a)$ 则 f 是 B 到 S 的布尔同态.

分析　根据布尔同态定义, 只需证明 $f(a \cdot b) = f(a) \wedge f(b)$ 即可.

证明　只需证对任意 $a, b \in B$, 有 $f(a \cdot b) = f(a) \wedge f(b)$。事实上,

$$f(a \cdot b) = f(\overline{\overline{a \cdot b}}) = f(\overline{\overline{a} + \overline{b}}) = \neg f(\overline{a} + \overline{b}) = \neg (f(\overline{a}) \vee f(\overline{b}))$$

$$= \neg f(\overline{a}) \wedge \neg f(\overline{b}) = f(\overline{\overline{a}}) \wedge f(\overline{\overline{b}}) = f(a) \wedge f(b)$$

20. 设 $S = \{a, b, c\}, \langle \rho(S), \cup, \cap, -, \varnothing, S \rangle$ 是集合代数, $\langle B, \cdot, +, -, 0.1 \rangle$ 是电路代数, 定义 $\rho(S)$ 到 B 的映射如下:

$$g(A) = \begin{cases} 1, & b \in A \\ 0, & b \notin A \end{cases}$$

试证:g 是 $\rho(S)$ 到 B 的布尔同态.

证明　任取 $X, Y, \in \rho(S)$,有

$$g(X \cap Y) = \begin{cases} 1, & b \in X \cap Y \\ 0, & b \notin X \cap Y \end{cases} = \begin{cases} 1, & (b \in X) \wedge (b \in Y) \\ 0, & (b \notin X) \vee (b \notin Y) \end{cases} = g(X) \cdot g(Y)$$

$$g(\overline{X}) = \begin{cases} 1, & b \in \overline{X} \\ 0, & b \notin \overline{X} \end{cases} = \begin{cases} 1, & b \notin X \\ 0, & b \in X \end{cases} = \overline{g(X)}$$

故由主教材定理 22.4.3 知,g 是 $\rho(S)$ 到 B 的布尔同态。

21. 设 $\langle B, \cdot, +, -, 0.1 \rangle$ 和 $\langle S, \wedge, \vee, T, \alpha, \beta \rangle$ 是两个布尔代数,g 是 $\langle B, \cdot, + \rangle$ 到 $\langle S, \wedge, \vee \rangle$ 的格同态. 并且 $g(0) = a, g(1)\beta$. 证明:g 是 B 到 S 的布尔同态.

证明　因 g 是 B 到 S 的格同态,所以 g 是满射. 即 $g(B) = S$,且对任意 $a, b, \in B$,有 $g(a \cdot b) = g(a) \wedge g(b), g(a + b) = g(a) \vee g(b)$.

故由主教材定理 22.4.4 知,g 是 B 到 S 的布尔同态。

22. 设 $\langle B, \cdot, +, -, 0, 1 \rangle$ 是布尔代数. 定义 B 上两种代数运算如下:

$$a \oplus b = (a \cdot \overline{b}) + (\overline{a} \cdot b)$$
$$a \times b = a \cdot b$$

称 $\langle B, X, \oplus \rangle$ 为布尔环. 试证:在布尔环中,有如下性质.

(1) $a \oplus a = 0$;

(2) $a \oplus 0 = a$;

(3) $a \oplus 1 = \overline{a}$;

(4) $a \times (b \oplus c) = (a \times b) \oplus (a \times c)$;

(5) $a \oplus b = \overline{a} \oplus \overline{b}$;

(6) $a = b$ 当且仅当 $a \oplus b = 0$;

(7) $\overline{a \oplus b} = \overline{a} \oplus b = a \oplus \overline{b}$;

(8) 若 $a \times b = 0$,则 $a \oplus b = a + b$;

(9) 若 $a \oplus c = b \oplus c$,则 $a = b$.

证明　(1) $a \oplus a = (a \cdot \overline{a}) + (\overline{a} \cdot a) = 0 + 0 = 0$;

(2) $a \oplus 0 = (a \cdot \overline{0}) + (\overline{a} \cdot 0) = a \cdot 1 = a$;

(3) $a \oplus 1 = (a \cdot \overline{1}) + (\overline{a} \cdot 1) = \overline{a}$;

(4) $a \times (b \oplus c) = a \cdot (b \cdot \overline{c} + \overline{b} \cdot c) = (a \cdot b) \cdot \overline{c} + (a \cdot \overline{b}) \cdot c$,

而 $(a \times b) \oplus (a \times c) = (a \cdot b) \oplus (a \cdot c) = (a \cdot b)(\overline{a \cdot c}) + (\overline{a \cdot b})(a \cdot c)$

$$= (a \cdot b) \cdot (\overline{a} + \overline{c}) + (\overline{a} + \overline{b}) \cdot (a \cdot c) = (a \cdot b) \cdot \overline{c} + (a \cdot \overline{b}) \cdot c$$

因此,$a \times (b \oplus c) = (a \times b) \oplus (a \times c)$;

(5) $a \oplus b = (a \cdot \overline{b}) + (\overline{a} \cdot b) = (\overline{a} \cdot b) + (a \cdot \overline{b}) = \overline{a} \oplus \overline{b}$;

(6) $a = b \Rightarrow a \oplus b = a \oplus a \overset{(1)}{=} 0$

　　$a \oplus b = 0 \Rightarrow a \cdot \overline{b} + \overline{a} \cdot b = 0 \Rightarrow a \cdot \overline{b} = 0$

①

$$a \cdot \bar{b} + \bar{a} \cdot b = 0 \Rightarrow (\bar{a} + b) \cdot (a + \bar{b}) = 1 \Rightarrow \bar{a} \cdot \bar{b} + a \cdot b = 1$$

$$\Rightarrow a \cdot \bar{b} + \bar{b} + a \cdot b + a = 1 + a + \bar{b} = 1 \Rightarrow \bar{b} \cdot (a+1) + a \cdot (b+1) = 1$$

$$\Rightarrow \bar{b} + a = 1 \qquad\qquad ②$$

由式①和式②知，a 与 $\bar{b}$ 互为逆元，故 $a = b$.

(7) $\overline{(a \oplus b)} = \overline{(a \cdot \bar{b}) + (\bar{a} \cdot b)} = (\bar{a} + b) \cdot (a + \bar{b}) = \bar{a} \cdot \bar{b} + a \cdot b = \bar{a} \oplus b$

$\quad a \oplus \bar{b} = (a \cdot b) + (\bar{a} \cdot \bar{b}) = (\bar{a} \cdot \bar{b}) + (a \cdot b) = \bar{a} \oplus b$;

(8) $\overline{a \oplus b} = \overline{(a \cdot \bar{b}) + (\bar{a} \cdot b)} = (\bar{a} + b) \cdot (a + \bar{b}) = a \cdot b + \bar{a} \cdot \bar{b}$

$\quad\quad = a \times b + \bar{a} \cdot \bar{b} = 0 + \bar{a} \cdot \bar{b} = \overline{a + b} \Rightarrow a \oplus b = a + b$;

(9) 因为 $(a \oplus b) \oplus c = ((a \cdot \bar{b}) + (\bar{a} \cdot b)) \oplus c = (a \cdot \bar{b} + \bar{a} \cdot b) \cdot \bar{c} + \overline{(a \cdot \bar{b} + \bar{a} \cdot b)} \cdot c$

$$= a \cdot \bar{b} \cdot \bar{c} + \bar{a} \cdot b \cdot \bar{c} + (\bar{a} + b) \cdot (a + \bar{b}) \cdot c$$

$$= a \cdot \bar{b} \cdot \bar{c} + \bar{a} \cdot b \cdot \bar{c} + a \cdot b \cdot c + \bar{a} \cdot \bar{b} \cdot c$$

$a \oplus (b \oplus c) = a \cdot \overline{(b \oplus c)} + \bar{a} \cdot (b \oplus c) = a \cdot (\overline{b \cdot \bar{c} + \bar{b} \cdot c}) + \bar{a} \cdot (b \cdot \bar{c} + \bar{b} \cdot c)$

$$= a \cdot (\bar{b} \cdot \bar{c} + b \cdot c) + \bar{a} \cdot b \cdot \bar{c} + \bar{a} \cdot \bar{b} \cdot c$$

$$= a \cdot \bar{b} \cdot \bar{c} + a \cdot b \cdot c + \bar{a} \cdot b \cdot \bar{c} + \bar{a} \cdot \bar{b} \cdot c$$

所以 $(a \oplus b) \oplus c = a \oplus (b \oplus c)$.

因此，运算满足结合律. 于是，由假设和式①及式②，有

$$a \oplus c = b \oplus c \Rightarrow (a \oplus c) \oplus c = (b \oplus c) \oplus c \Rightarrow a \oplus (c \oplus c) = b \oplus (c \oplus c)$$

$$\Rightarrow a \oplus 0 = b \oplus 0 \Rightarrow a = b$$

23. 设 $\langle B, \cdot, +, -, 0, 1 \rangle$ 是布尔代数. $a, b_1, \cdots, b_n$ 是 B 的极小元素. 求证：$a \leqslant b_1 + \cdots + b_n$ 当且仅当 a 等于某个 $b_i, (1 \leqslant i \leqslant n)$. 其中 $x \leqslant y$ 当且仅当 $x \cdot y = x$.

分析 充分性. 如果 a 等于某个 $b_i (1 \leqslant i \leqslant n)$，结论显然成立；必要性. 如果 $a \neq b_j, j = 1, 2, \cdots,$ $n, a, b_1, b_2, \cdots, b_n$ 是极小元，于是有 $a \cdot b_j = 0$，由布尔代数性质，$\overline{a \cdot b_j} = 1 = \bar{a} + \bar{b_j}$，当且仅当 $a \leqslant \bar{b_j}$，$a \leqslant \bar{b_1} \cdot \bar{b_2} \cdots \bar{b_n} = \overline{b_1 + b_2 + \cdots + b_n}$，由已知条件知 $a = 0$，与 a 是极小元矛盾.

证明 充分性显然. 下证必要性.

用反证法. 设 $a \neq b_j, j = 1, 2, \cdots, n.$

由于 $a, b_1, b_2, \cdots, b_n$ 都是极小元，因此

$$a \cdot b_j = 0, \quad j = 1, 2, \cdots, n$$

于是

$$\bar{a} + \bar{b_j} = 1 \Rightarrow a \cdot \bar{b_j} = a \Rightarrow a \leqslant \bar{b_j}, \quad j = 1, 2, \cdots, n$$

$$\Rightarrow a \cdot a \cdots a \leqslant \bar{b_1} \cdot \bar{b_2} \cdots \bar{b_n}$$

$$a = a \cdot a \cdots a \leqslant \bar{b_1} \cdot \bar{b_2} \cdots \bar{b_n} = \overline{(b_1 + b_2 + \cdots + b_n)}$$

$$\Rightarrow a \leqslant \overline{(b_1 + b_2 + \cdots + b_n)} \qquad\qquad ①$$

又已知

$$a \leqslant b_1 + b_2 + \cdots + b_n \qquad\qquad ②$$

于是，由式①和式②知，$a = a \cdot a \leqslant (b_1 + b_2 + \cdots + b_n) \cdot (\overline{b_1 + b_2 + \cdots + b_n}) = 0$

得到 $a = 0$，此与 a 是极小元矛盾. 故结论成立.

24. 设 $\langle B, \cdot, +, -, 0, 1 \rangle$ 是布尔代数，$b_1, b_2, \cdots, b_n$ 是 B 的全部极小元素. 求证：对任意 $a \in B$，$a = 0$ 当且仅当对每个 i，都有 $a \cdot b_i = 0, i = 1, \cdots, n$.

分析　必要性. 如果 $a=0$, 显然有 $a \cdot b_i=0, i=1, \cdots, n$.

充分性. 如果 a 不是最小元, 则一定存在某个极小元 b_k, 有 $b_k \leqslant a, 0 \neq b_k \leqslant a \cdot b_k$, 矛盾.

证明　必要性显然. 下证充分性.

已知 $ab_i=0, i=1, \cdots, n$.

假设 $a \neq 0$. 则必存在某个极小元 b_k, 使 $b_k \leqslant a$. 于是, $b_k \leqslant a \cdot b_k$.

从而, $a \cdot b_k. >0$, 此与 $a \cdot b_k=0$ 矛盾. 故必有 $a=0$.

25. 不利用定理, 证明: 不存在三个元素的布尔代数.

分析　设 $B=\{0,1,a\}$, 利用布尔代数定义, 讨论 a 的余元 $\bar{a}, \bar{a}$ 为三元素中任意一个都会矛盾.

证明　设 $\langle B, \cdot, +, -, 0, 1\rangle$ 是布尔代数, $B=\{0,1,a\}$. 于是, a 有余元 $\bar{a}$. 若 $\bar{a}=0$, 则 $a=1$, 矛盾; 若 $\bar{a}=1$, 则 $a=0$, 矛盾; 若 $\bar{a}=a$, 则 $0=a \cdot \bar{a}=a \cdot a=a, 1=a+\bar{a}=a+a=a$, 即 $a=0=1$, 矛盾. 故结论成立.

26. 设 $A=\{a_1, a_2, a_3, a_4\}, S_1=\{a_1, a_2\}, S_2=\{a_3, a_4\}, B=\{\varnothing, S_1, S_2, A\}$. 求证: $\langle B, \cup, \cap, -, \varnothing, A\rangle$ 是布尔代数. B 的极小元素是什么? 试画出 B 的 Hasse 图, 找出与 B 同构的集合代数.

分析　B 中元素个数为 4, 与之同构的集合代数, 集合元素应该为 2, 令 $S=\{S_1, S_2\}$, 则 $\langle \rho(S), \cup, \cap, -, \varnothing, \{S_1, S_2\}\rangle$ 是集合代数, 定义双射 $f: \rho(S) \rightarrow B$, 验证 f 满足主教材定理 22.4.3 条件即可. B 的极小元为 S_1, S_2.

证明　令 $S=\{S_1, S_2\}$, 则 $\rho(S)=\{\varnothing, \{S_1\}, \{S_2\}, \{S_1, S_2\}\}$. 已知

$\langle \rho(S), \cup, \cap, -, \varnothing, \{S_1, S_2\}\rangle$ 是布尔代数 (集合代数). 令双射 $f: \rho(S) \rightarrow B$ 如下:

$$f(X)=\bigcup_{Y \in X} Y, \quad \text{对任意 } X \in \rho(S)$$

于是

$$f(\varnothing)=\varnothing, f(\{S_1\})=S_1, f(\{S_2\})=S_2, f(\{S_1, S_2\})=S_1 \cup S_2=\{a_1, a_2, a_3, a_4\}=A$$

并且

$$f(X \cap Y)=\bigcup_{Z \in X \cap Y} Z=f(X) \cap f(Y)$$

$$f(\bar{X})=f(S-X)=\bigcup_{Z \in S-X} Z=\overline{\bigcup_{Z \in X} Z}=\overline{f(X)}$$

其中, $X, Y \in \rho(S)$, 从而, 由主教材定理 22.4.3 知, $\langle B, \cap, \cup, -, \varnothing, A\rangle$ 与 $\langle \rho(S), \cap, \cup, -, \varnothing, S\rangle$ 同构. 故 $\langle B, \cap, \cup, -, \varnothing, A\rangle$ 是布尔代数.

第 **4** 篇　线性规划与博弈论

第 *23* 章　线 性 规 划

1. 将下述线性规划问题化成标准形式.

(1) $\min z = 6x_1 + 2x_2 + 3x_3$

$$\text{s. t.}\begin{cases} -2x_1 + x_2 + x_3 \leqslant 9 \\ -3x_1 + x_2 + 2x_3 \geqslant 4 \\ 4x_1 - 2x_2 - 3x_3 = -6 \\ x_1 \leqslant 0, x_2 \geqslant 0, x_3 \text{无约束} \end{cases}$$

(2) $\min z = 5x_1 + x_2 + x_3$

$$\text{s. t.}\begin{cases} 3x_1 + x_2 - x_3 \leqslant 7 \\ x_1 - 2x_2 + 4x_3 \geqslant 6 \\ x_2 + 3x_3 = -10 \\ x_1 \leqslant 0, x_2 \geqslant 0, x_3 \text{无约束} \end{cases}$$

分析　根据标准形的转化步骤即可求解.

解　(1) 取 $z' = -z, x_1' = -x_1, x_3 = x_3' - x_3''$,引入松弛变量 x_4 及剩余变量 x_5 后,将模型转换为如下标准形式:

$$\max z' = 6x_1' - 2x_2 - 3x_3' + 3x_3'' + 0x_4 + 0x_5$$

$$\text{s. t.}\begin{cases} 2x_1' + x_2 + x_3' - x_3'' + x_4 = 9 \\ 3x_1' + x_2 + 2x_3' - 2x_3'' - x_5 = 4 \\ -4x_1' + 2x_2 + 3x_3' - 3x_3'' = 6 \\ x_1', x_2, x_3', x_3'', x_4, x_5 \geqslant 0 \end{cases}$$

(2) 取 $z' = -z, x_1' = -x_1, x_3 = x_3' - x_3''$,引入松弛变量 x_4 及剩余变量 x_5 后,将模型转换为如下标准形式:

$$\max z' = 5x_1' - x_2 - x_3' + x_3'' + 0x_4 + 0x_5$$

$$\text{s. t.}\begin{cases} -3x_1' + x_2 - x_3' + x_3'' + x_4 = 7 \\ -x_1' - 2x_2 + 4x_3' - 4x_3'' - x_5 = 6 \\ -2x_2 - 3x_3' + 3x_3'' = 10 \\ x_1', x_2, x_3', x_3'', x_4, x_5 \geqslant 0 \end{cases}$$

2. 用图解法求解线性规划问题.

$$\min z = 5x_1 - 3x_2$$

$$\text{s. t.}\begin{cases} 2x_1 - 4x_2 \leqslant 5 & ① \\ -2x_1 + 2x_2 \leqslant 2 & ② \\ x_1 + x_2 \leqslant 5 & ③ \\ x_1, x_2 \geqslant 0 \end{cases}$$

分析 由题意,问题只有两个决策变量,可在平面上依次画出约束条件可行域,在可行解集中寻找使目标函数最优的解.

解 此题的图解如下图所示,可行解集为图中的多边形 $OABCD$,作目标函数方程直线 $c = 5x_1 - 3x_2$ 如虚线所示,当 c 的数值增大时,等值线往下移,由题意求极小值,故易知点 C 为直线②和③的交点,故有 $x_1^* = 1, x_2^* = 4, z^* = -11$.

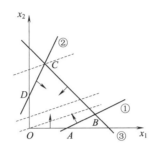

3. 求出下列线性规划问题的任意一个基及基解,并分析线性规划问题的基解个数与什么相关.

$$\min z = 2x_1 + 3x_2 - x_3$$

$$\text{s. t.} \begin{cases} 2x_1 + 2x_4 - x_5 = 8 \\ x_2 + x_4 + x_5 = 1 \\ x_3 + x_4 - x_5 = 6 \\ x_1, x_2, x_3, x_4, x_5 \geq 0 \end{cases}$$

分析 理解基及基解的概念即可求解.

解 素数矩阵 $\boldsymbol{A} = (\boldsymbol{p}_1, \boldsymbol{p}_2, \boldsymbol{p}_3, \boldsymbol{p}_4, \boldsymbol{p}_5) = \begin{pmatrix} 1 & 0 & 0 & 2 & -1 \\ 0 & 1 & 0 & 1 & 1 \\ 0 & 0 & 1 & 1 & -1 \end{pmatrix}$

因为 $\boldsymbol{p}_1, \boldsymbol{p}_2, \boldsymbol{p}_3$ 线性无关,所以 $\{x_1, x_2, x_3\}$ 是一个基,在约束方程中令非基变量 $x_4 = 0, x_5 = 0$,求得基变量为 $x_1 = 8, x_2 = 1, x_3 = 6$. 故基解 $\boldsymbol{x}^{(1)} = (8, 1, 6, 0, 0)^{\mathrm{T}}$,显然它是基可行解.

由矩阵 $\begin{pmatrix} 0 & 2 & -1 \\ 1 & 1 & 1 \\ 0 & 1 & -1 \end{pmatrix}$ 的行列式不等于0,所以 $\{x_4, x_3, x_5\}$ 也是一个基,另 $x_1 = 0, x_2 = 0$,求得 $x_3 = 1$,

$x_4 = 3, x_5 = -2$,所以 $\boldsymbol{x}^{(2)} = (0, 0, 1, 3, -2)^{\mathrm{T}}$ 是基解,因 $x_5 < 0$,所以这个解不是基可行解.

类似还可以求出其他一些基及其基解,显然对于一个给定的矩阵 $\boldsymbol{A}_{m \times n}$,$\boldsymbol{A}x = \boldsymbol{b}$ 的基最多有 C_m^n 个.

4. 一家企业制造 A, B, C 三种产品,需三种资源 D, E, F,主教材表23.9列出了三种产品每单位数量对每种资源的需要量,问如何安排生产,可使利润最大?试建立其数学模型,并用单纯形法求其最优解及最大利润.

主教材表23.9

资　　源	产　　品			资源限量
	A	B	C	
D	1	1	1	100
E	10	4	5	600
F	2	2	6	300
单位利润	10	6	4	

分析 按线性规划问题的建模步骤,先确定决策变量,列出目标函数,再写出约束条件,最后依据单纯形法的原理列表求解.

解 假设决策变量 x_1, x_2, x_3 分别 A, B, C 三种产品的产量,建立以下模型:

$$\max z = 10x_1 + 6x_2 + 4x_3$$

$$\text{s. t.} \begin{cases} x_1 + x_2 + x_3 \leqslant 100 \\ 10x_1 + 4x_2 + 5x_3 \leqslant 600 \\ 2x_1 + 2x_2 + 6x_3 \leqslant 300 \\ x_1, x_2, x_3 \geqslant 0 \end{cases}$$

求得最优单纯形表如下表,最优解为 $x_1 = 100/3, x_2 = 200/3, x_3 = 0, \max z = 2\ 200/3$

	c_j		10	6	4	0	0	0
C_B	x_B	b	x_1	x_2	x_3	x_4	x_5	x_6
6	x_2	200/3	0	1	5/6	5/3	−1/6	0
10	x_1	100/3	1	0	1/6	−2/3	1/6	0
0	x_6	100	0	0	4	−2	0	1
	z	2 200/3	0	0	−8/3	−10/3	−2/3	0

5. 设某生产计划问题是一个在有限资源的条件下,求使利润最大的生产计划安排问题,其数学模型为

$$\max z = 4x_1 + 3x_2$$

$$\text{s. t.} \begin{cases} 2x_1 + 3x_2 \leqslant 24 \quad \text{（材料约束）} \\ 3x_1 + 2x_2 \leqslant 26 \quad \text{（工时约束）} \\ x_1, x_2 \geqslant 0 \end{cases}$$

求其对偶问题的数学模型.

分析 根据线性规划问题与对偶问题的关系即可求解.

$$\min W = 24y_1 + 26y_2$$

解

$$\text{s. t.} \begin{cases} 2y_1 + 3y_2 \geqslant 4 \\ 3y_1 + 2y_2 \geqslant 3 \\ y_1, y_2 \geqslant 0 \end{cases}$$

第 *24* 章 博 弈 论

1. 甲、乙两人在互不知道的情况下,同时伸出 1,2 或 3 根指头.用 k 表示两人伸出的指头总和.当 k 为偶数,甲加 k 分乙减 k 分,若 k 为奇数,乙减 k 分甲加 k 分.试列出甲的赢得矩阵.

分析 本题主要考察纯局势下局中人的赢得值,即求出各局势下两人伸出的指头总和,并根据奇偶性判断正负性.

解 根据游戏规则,可得甲的赢得矩阵为

$$A = \begin{pmatrix} -2 & 3 & -4 \\ 3 & -4 & 5 \\ -4 & 5 & -6 \end{pmatrix}$$

2. 已知 A,B 两博弈时对 A 的赢得矩阵如下,求双方各自的最优纯策略及对策值.

$$(1) \begin{pmatrix} 2 & 1 & 4 \\ 2 & 0 & 3 \\ -1 & -2 & 0 \end{pmatrix}; \qquad\qquad (2) \begin{pmatrix} 9 & -6 & -3 \\ 5 & 6 & 4 \\ 7 & 4 & 3 \end{pmatrix}.$$

分析 根据一般矩阵博弈的最优纯策略定义 $\max_i \min_j a_{ij} = \min_j \max_i a_{ij}$ 分析计算.

解 用 $(a_i, b_j); v$ 分别表示双方最优策略和对策值,求得

$(1)(a_1, b_2); 1; \qquad (2)(a_2, b_3); 4.$

3. 用图解法求下列矩阵博弈,其中赢得矩阵 A 为 $A = \begin{pmatrix} 1 & 3 & 5 \\ 4 & 2 & 1 \end{pmatrix}$.

分析 对赢得矩阵为 $2 \times n$ 或 $m \times 2$ 的博弈问题,根据矩阵博弈混合策略有解的充要条件利用图解法求解.

解 设局中人 I 的混合策略为 $(x, 1-x)^T, x \in [0,1]$.局中人 I 的期望所得见下表.

局中人 II 纯策略	局中人 I 期望所得
β_1	$V_1(x, \beta_1) = a_{11}x_1 + a_{21}x_2 = -3x_1 + 4$
β_2	$V_1(x, \beta_2) = a_{12}x_1 + a_{22}x_2 = x_1 + 2$
β_3	$V_1(x, \beta_3) = a_{1n}x_1 + a_{2n}x_2 = 4x_1 + 1$

过数轴上坐标为 0 和 1 的两点分别作两条垂线 I-I 和 II-II.垂线上的纵坐标分别表示局中人 I 采取纯策略 α_1 和 α_2 时,局中人 II 采取各纯策略时的赢得值(见下图).当局中人 I 选择每一策略 $(x, 1-x)^T$ 后,他的最少可能的收入为由 β_1, β_2 和 β_3 所确定的三条直线在 x 处的纵坐标中的最小者决定.所以,对局中人 I 来说,他的最优选择是确定 x,使三个纵坐标中的最小者尽可能的大,从下图来看,就是使得 $x = OA$,这时,B 点的纵坐标即为博弈的值.为求 x 和博弈的值 V_G,可联立过 B 点的两条由 β_1 和 β_2 确定的直线的方程:

$V_1(x, \beta_2) = V_1(x, \beta_3)$,即 $-3x_1 + 4 = x_1 + 2$,解得 $x = 1/2, V_G = 5/2$.所以,局中人 I 的最优策

略为 $x^* = (1/2, 1/2)^T$.

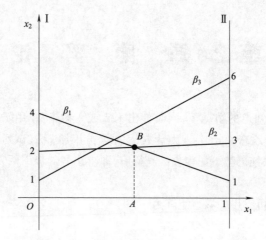

从上图还可看出，局中人 II 的最优混合策略只由 β_1 和 β_2 组成. 事实上，若设 $y^* = (y_1^*, y_2^*, y_3^*)^T$ 为局中人 II 的最优混合策略，则有 $E(x^*, 3) = 5 \times 1/2 + 1 \times 1/2 = 3 > 5/2 = V_1$.

根据主教材定理 24.2.6，必有 $y^* = 0$，又因 $x_1^* = 1/2 > 0, x_2^* = 1/2 > 0$，可由

$$\begin{cases} y_1 + 3y_2 = \dfrac{5}{2} \\ 4y_1 + 2y_2 = \dfrac{5}{2} \\ y_1 + y_2 = 1 \end{cases}$$

求得 $y_1^* = 1/4, y_2^* = 3/4$. 所以，局中人 II 的最优混合策略为 $y^* = (1/4, 3/4, 0)^T$.

4. 用线性方程组法求解矩阵博弈 $G = \{S_1, S_2; A\}$，其中 A 为

$$A = \begin{pmatrix} 3 & 4 & 0 & 3 & 0 \\ 5 & 0 & 2 & 5 & 9 \\ 7 & 3 & 9 & 5 & 9 \\ 4 & 6 & 8 & 7 & 6 \\ 6 & 0 & 8 & 8 & 3 \end{pmatrix}$$

分析 假设行和列分别对应局中人 1 和局中人 2 的策略，由主教材定理 24.2.4～24.2.6 可列出相应的方程组即可求解.

解 记

$$A = \begin{array}{c} \\ \alpha_1 \\ \alpha_2 \\ \alpha_3 \\ \alpha_4 \\ \alpha_5 \end{array} \begin{array}{ccccc} \beta_1 & \beta_2 & \beta_3 & \beta_4 & \beta_5 \\ \begin{pmatrix} 3 & 4 & 0 & 3 & 0 \\ 5 & 0 & 2 & 5 & 9 \\ 7 & 3 & 9 & 5 & 9 \\ 4 & 6 & 8 & 7 & 6 \\ 6 & 0 & 8 & 8 & 3 \end{pmatrix} \end{array}$$

如果决策双方都很理智，在选取策略时总是选取对自己有利的策略，因此可以对矩阵 A 进行化简，可以看出，a_3 比 a_2 好，a_4 比 a_1 好，因此依次化简得到矩阵 A_1, A_2, A_3：

$$
\boldsymbol{A}_1 = \begin{array}{c} \alpha_3 \\ \alpha_4 \\ \alpha_5 \end{array} \begin{pmatrix} 7 & 3 & 9 & 5 & 9 \\ 4 & 6 & 8 & 7 & 6 \\ 6 & 0 & 8 & 8 & 3 \end{pmatrix}, \quad \boldsymbol{A}_2 = \begin{array}{c} \alpha_3 \\ \alpha_4 \\ \alpha_5 \end{array} \begin{pmatrix} 7 & 3 \\ 4 & 6 \\ 6 & 0 \end{pmatrix}, \quad \boldsymbol{A}_3 = \begin{array}{c} \alpha_3 \\ \alpha_4 \end{array} \begin{pmatrix} 7 & 3 \\ 4 & 6 \end{pmatrix}
$$

（列标 $\beta_1\ \beta_2\ \beta_3\ \beta_4\ \beta_5$；$\beta_1\ \beta_2$；$\beta_1\ \beta_2$）

易知 $\boldsymbol{A}_3$ 没有鞍点，由主教材定理 24.2.6，可以求出方程组

$$
\begin{cases} 7x_3 + 4x_4 = v \\ 3x_3 + 6x_4 = v \\ x_3 + x_4 = 1 \end{cases} \quad 和 \quad \begin{cases} 7y_1 + 3y_2 = v \\ 4y_1 + 6y_2 = v \\ y_1 + y_2 = 1 \end{cases}
$$

的非负解

$$
x_3^* = \frac{1}{3}, \quad x_4^* = \frac{2}{3}
$$

$$
y_1^* = \frac{1}{2}, \quad y_2^* = \frac{1}{2}
$$

$$
v = 5
$$

于是，以矩阵 $\boldsymbol{A}$ 为赢得矩阵的博弈的一个解就是

$$
\boldsymbol{x}^* = \left(0, 0, \frac{1}{3}, \frac{2}{3}, 0 \right)^{\mathrm{T}}
$$

$$
\boldsymbol{y}^* = \left(\frac{1}{2}, \frac{1}{2}, 0, 0, 0 \right)^{\mathrm{T}}
$$

$$
V_G = 5
$$

参考文献

［1］王湘浩，管纪文，刘叙华. 离散数学［M］. 北京：高等教育出版社,1983.

［2］BONDY J A,MURTY U S R. Graph theory with applications［M］. London：The Macmillan press Ltd,1976.

［3］耿素云，屈婉玲，张立昂. 离散数学［M］. 北京：清华大学出版社,1992.

［4］陈子岐，朱必文，刘峙山. 图论［M］. 北京：高等教育出版社,1990.

［5］李蔚萱. 图论［M］. 长沙：湖南科学技术出版社,1980.

［6］左孝凌,李为鉴,刘永才. 离散数学［M］. 上海：上海科学技术文献出版社,1982.

［7］王兵山,王长英,周贤林,等. 离散数学［M］. 长沙：国防科技大学出版社,1985.

［8］熊全淹. 初等整数论［M］. 武汉：湖北教育出版社,1984.

［9］李复中. 初等数论选讲［M］. 长春：东北师范大学出版社,1984.

［10］刘叙华. 数理逻辑基础［M］. 长春：吉林大学出版社,1991.

［11］孙吉贵,杨凤杰,欧阳丹彤,等. 离散数学［M］. 北京：高等教育出版社,2002.

［12］约翰逊鲍夫. 离散数学(第八版)［M］. 张文博,张丽静,徐尔,译. 北京：电子工业出版社,2020.

［13］胡运权,郭耀煌. 运筹学教程［M］. 5 版. 北京：清华大学出版社,2018.

［14］徐裕生,张海英,熊义杰. 运筹学［M］. 北京：北京大学出版社,2006.

［15］宁宣熙. 运筹学实用教程［M］. 北京：科学出版社,2013.

［16］边文思,焦艳芳. 运筹学全程学习指导与习题全解［M］. 4 版. 北京：中国水利水电出版社,2020.